世界高端文化珍藏图鉴大系

玛瑙琥珀

（修订典藏版）

苏　易 / 编著

辽宁美术出版社

图书在版编目（CIP）数据

玛瑙琥珀：修订典藏版 / 苏易编著. — 沈阳：辽宁美术出版社，2020.11
（世界高端文化珍藏图鉴大系）
ISBN 978-7-5314-8577-3

Ⅰ. ①玛… Ⅱ. ①苏… Ⅲ. ①玛瑙－图集②琥珀－图集 Ⅳ. ①TS933.2-64

中国版本图书馆CIP数据核字（2019）第271408号

出 版 者：辽宁美术出版社
地　　址：沈阳市和平区民族北街29号　邮编：110001
发 行 者：辽宁美术出版社
印 刷 者：北京市松源印刷有限公司
开　　本：787mm×1092mm 1/16
印　　张：16
字　　数：250千字
出版时间：2020年11月第1版
印刷时间：2020年11月第1次印刷
责任编辑：彭伟哲
封面设计：胡 艺
版式设计：文贤阁
责任校对：郝 刚
书　　号：ISBN 978-7-5314-8577-3
定　　价：98.00元

邮购部电话：024-83833008
E-mail:lnmscbs@163.com
http://www.lnmscbs.cn
图书如有印装质量问题请与出版部联系调换
出版部电话：024-23835227

前言
PREFACE

佛教有“七宝”，又称为“七珍”，指的是砗磲、玛瑙、水晶、珊瑚、琥珀、珍珠、麝香七种，而琥珀和玛瑙都在其中。玛瑙和琥珀因其温润亮丽的质感和绚丽的色彩，受到世界各国皇室、贵族、收藏家、百姓的钟爱，欧洲人对于琥珀的迷恋程度就像中国人对玉石的钟爱一般。近年来，玛瑙和琥珀的收藏热潮高涨，导致其价格一再攀升。而含有各种昆虫，比如蜘蛛或蚂蚁等的琥珀更是被看成收藏珍品。由于天然琥珀的产量越来越少，估计今后天然琥珀艺术品的价格还会大幅度攀升。

前言 PREFACE

古今中外，不管是远古先民，还是当今世人，不管是达官贵人、商贾富豪，还是平民百姓，对玛瑙和琥珀都有着虔诚的信仰和独特的偏爱。随着玛瑙和琥珀饰品市场在国内逐渐成熟，消费者对玛瑙和琥珀也有了一定的了解，现在市场上除了翡翠、和田玉之外，就要数玛瑙和琥珀增值最快了。玛瑙和琥珀的迅速增值，让越来越多的投资者把目光转移到这些天然宝石的身上。琥珀和玛瑙的饰品逐渐成为人们心目中的新贵。琥珀经过漫长岁月的洗礼，是集精华之大成的宝石，也是所有已知宝石中质地最轻、色泽最自然的。此外，琥珀还是世界上唯一将生物保存其中，历经千万年依然完好如初的宝石。琥珀色泽含蓄，质地温润，具有无比的亲和力，给人一种安

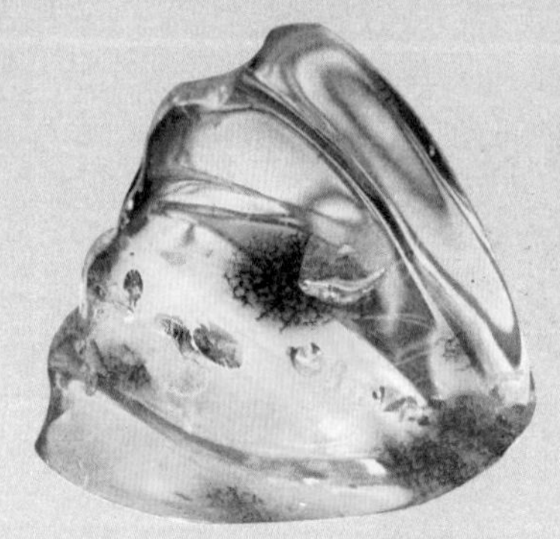

P前言
REFACE

详恬静的心灵感受。玛瑙作为最古老的宝石之一，兼具美丽、坚硬、稀有三大特征，被认为最有灵性，一直被人们视为美丽、幸福、吉祥、富贵的象征。

玛瑙和琥珀跟玉一样，需要素养来品鉴，需要经验来判断。本书就是一本了解琥珀和玛瑙基本知识、品鉴素养和收藏经验的书，希望它能为玛瑙和琥珀的收藏爱好者带来收获。书中不足之处，还请广大专家和读者给予斧正。

CONTENTS

目录

上篇　佛教圣物——玛瑙

下 篇 人鱼的眼泪——琥珀

Amber

上篇

佛教圣物——玛瑙

Agate

Agate

第一章 追本溯源——玛瑙概况

自汉以后始有玛瑙的名称。魏文帝曹丕写道:“马脑,玉属也。出西域,文理交错,有似马脑,故其方人因以名之。命夫良工,是剖是镌,追形逐好,从宜素便,乃加砥砺,刻方为圆,沈光内照,浮景外鲜,繁文缛藻,文采接连。”从原始社会到封建社会,玛瑙制品文物出土了很多,古代用玛瑙制作的艺术品或装饰品既丰富又精彩,元代设有玛瑙局,明清留世珍品屡见不鲜,它是中国古代玉器的重要类别。

玛瑙也作码瑙、马瑙、马脑等,汉代以前的史书,玛瑙亦称“琼玉”或“赤玉”。玛瑙是玉髓类矿物的一种,经常是混有蛋白石和隐晶质石英的纹带状块体,色彩相当有层次,有半透明或不透明的,常用作饰物或玩赏用。古代陪葬物中常可见到成串的玛瑙球。《太平广记》中亦有“玛瑙,鬼血所化也”,给玛瑙增添了几分奇诡之色。玛瑙是自然界中分布较广、质地坚韧、色泽艳丽、纹饰美观的玉石之一,自古被视为美丽、幸福、吉祥、富贵的象征,兼具瑰丽、坚硬、稀有三大特征。

玛瑙的英文名是Agate。在《旧约》《圣经》还有佛教的经典中，都有玛瑙的记载。在罗马时代，玛瑙凹雕（阴雕玉）图章和戒指特别受人们的垂青。玛瑙是《圣经》中记载的“火之石”之一（《旧约》）。《圣经》中有把玛瑙赠予摩西和在亚伦胸甲上佩戴的记载（《出埃及记》）。玛瑙系列之一红条纹玛瑙是耶路撒冷城墙地基石所用到的12种宝石之一(《启示录》)。根据早期作家Caesurae主教安德鲁的解释，耶路撒冷12种宝石分别象征12个基督传教士，红条纹玛瑙象征的是詹姆士传教士。到了中世纪，人们将玛瑙系在牛角上用来乞求好的收成，这一奇特的习俗使玛瑙的价值大增。而随之产生的不祥结果是驮畜因佩戴玛瑙而常常变得无影无踪，难以找回。

玛瑙鼻烟壶

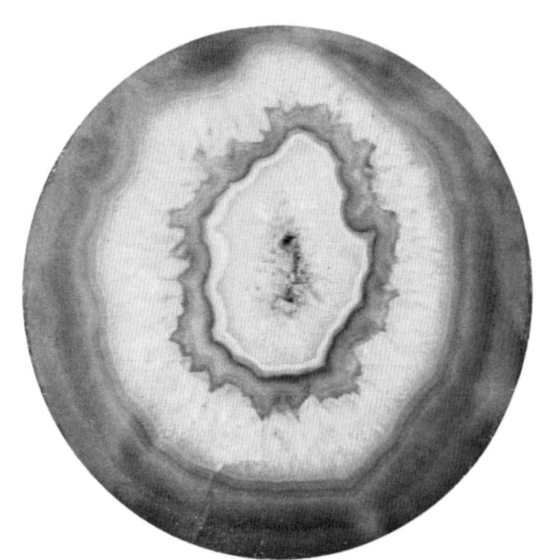

玛瑙原石

玛瑙的成因决定了它表面具有与一般岩石相似的外壳，没有一定实践经验的人，凭借肉眼自然很难从外部把普通的石头和玛瑙区分开；并且玛瑙属于广义的玉类，但不符合玉之“五德”，也就是说玛瑙不是真玉。玛瑙究竟是玉还是石，从古至今仍在争议中，魏人张揖《广雅》称“码碯，石次玉”；东晋王嘉《拾遗记·卷一·高辛》称“码瑙，石类也”；明代宋应星《天工开物》则称“凡玛瑙非石非玉”。玛瑙当时虽属珍贵而不见于荆楚的奇丽瑰宝之例，尽管在不少王侯将相的墓中出土了许多玛瑙杯、玛瑙球之类的陪葬品，但卞和时代的荆楚之地，人们却对玛瑙非常陌生，荆楚玛瑙既不像戈壁玛瑙经历过风沙的天然磨砺，也不像南京雨花石那样经过河水的搬运和冲刷洗涤，因为埋于深山，所以不会“一目了然”被发现，如果不是近年的开山施工，当地人甚至不知道家乡长满荆条的山峦中蕴藏着这么多美丽优质的玛瑙石。

世界上玛瑙著名产地有中国、印度、巴西、美国、埃及、澳大利亚、墨西哥等国。墨西哥、美国和纳米比亚还产有花边状纹带的玛瑙，称为“花边玛瑙”。美国黄石公园、怀俄明州及蒙大拿州还产有“风景玛瑙”。

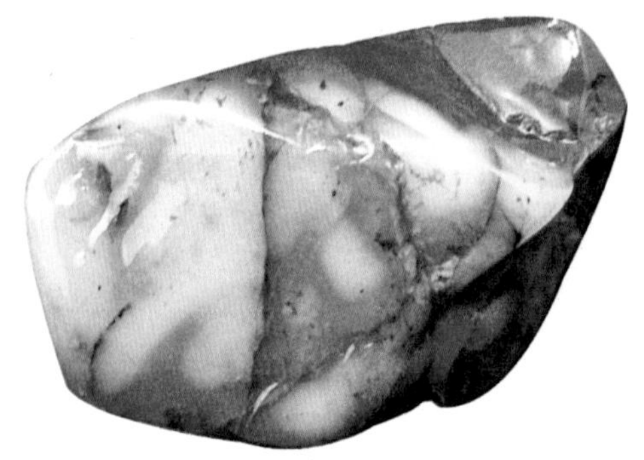
玛瑙原石

红玛瑙手镯

十二月生辰石简介

1. 一月生辰石——石榴石。石榴石是一月诞生石，代表贞操、友爱、忠实。同时又是结婚十七周年纪念宝石。

2. 二月生辰石——紫水晶、蓝绒晶。紫水晶简称紫晶，优质紫晶呈深紫色；蓝绒晶可以有效地排除压力、疲劳、浊气，有益身体健康，改善运气。

3. 三月生辰石——海蓝宝石。传说这种美丽的宝石产于海底，是海水中的精华。所以航海家用它祈祷海神保佑航海安全，称其为“福神石”。它又被作为“三月诞生石”，象征着“沉着与勇敢”“幸福和长寿”。

4. 四月生辰石——钻石。钻石象征着贞洁与纯洁，是结婚七十五周年纪念宝石。所以，结婚七十五周年因此得名钻石婚。

5. 五月生辰石——翡翠、祖母绿。人们把祖母绿宝石作为五月诞生石，象征幸福之妻，又是结婚五十五周年纪念日赠送的宝石礼品；祖母绿被人们视为爱和生命的象征，代表着充满盎然生机的春天。传说中它也是爱神维纳斯所喜爱的宝石，所以，祖母绿又有成功和保障爱情的内涵，它能够给予佩戴者诚实、美好的回忆。

6. 六月生辰石——珍珠、月光石。月光石是长石类宝石中最有价值的品种，由于能散发一种淡蓝色的晕彩，如同朦胧的月光，故名月光石。诗人赞道“青光淡淡如秋月，谁信寒色出石中”，人们认为佩戴月光石可带来好运，印第安人视月光石为“神圣的石头”，是结婚十三周年纪念宝石。

7. 七月生辰石——红宝石。在欧洲王室的婚庆上，现在仍然把红宝石作为婚姻的见证。相传男人拥有红宝石，就能掌握梦寐以求的权力；女人拥有红宝石，就能得到永世不变的爱情。

8. 八月生辰石——橄榄石、玛瑙。在我国，橄榄石和玛瑙是一种价格适中又很漂亮的宝石。其中橄榄石颜色艳丽悦目，为人们所喜爱，被誉为“幸福之石”。橄榄石和玛瑙都预示着夫妇幸福与和谐。

9. 九月生辰石——蓝宝石、绿松石、蜜蜡石。蓝宝石独具的神秘蓝色，既沉稳又清澈，深深地吸引人们的内心；绿松石工艺名称为“松石”，因其形似松球且色近松绿而得名；蜜蜡石可以减轻痛经、调和内分泌，对于妇科病情有很好的帮助，还能延缓衰老。

10. 十月生辰石——碧玺、欧泊、猫眼石。碧玺用来作宝石的历史较短，但由于它鲜艳丰富的颜色和高透明度所构成的美，在它问世的时候，就赢得人们的喜爱，被称为风情万种的宝石。欧泊的色彩变幻莫测，恰似七彩的梦，给人以神奇的遐想。人们把欧泊作为十月诞生石，是希望和安乐之石。猫眼石又称东方猫眼，是珠宝中稀有而名贵的品种。由于猫眼石表现出的光现象与猫的眼睛一样，灵活明亮，能够随着光线的强弱而变化，因此而得名。

11. 十一月生辰石——蓝黄玉（托帕石）。托帕石是十一月诞生石，又是结婚十六周年纪念宝石，佩戴它象征友情和幸福。

12. 十二月生辰石——锆石、绿松石、青金石。锆石之名源于阿拉伯语的朱之意和金色之意，而古印度曾称锆石为“月蚀石”。这种宝石的颜色常见于红色、金黄色、无色。宝石界把锆石、绿松石、青金石同列为十二月生辰石，象征胜利、好运，是成功的保证。

Agate

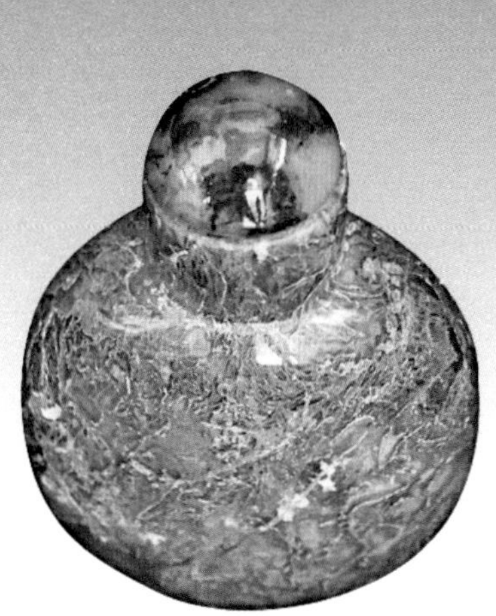

玛瑙鼻烟壶

玛瑙手镯

玛瑙的传说

玛瑙形成于远古时期，古今中外，有很多关于玛瑙的美丽传说。

传说一

相传在兵荒马乱的时代，民不聊生、苦不堪言，到处都在征兵打仗，其中有一个年轻力壮的小伙子，也被带到了战场，从此开始了他厌恶却又无法使之停止的战争生活。

但是，不管在什么年代，少年的梦总是那么纯真、那么美好。那是发生在很多年以前的事情，她还只是一个寄养在少年家的女子，每天都被当作奴隶使唤，生活得非常痛苦。生活对于她来说，根本就毫无乐趣可言，她觉得自己没有存在的意义和价值。唯独母亲的遗物——一块玛瑙石给了她活下去的勇气。

那是一块很平凡、很普通的玛瑙石，突然有一天，玛瑙石竟然发出了耀眼的光芒，那光芒刺痛了女孩的眼，眼被刺痛的那一瞬间，她竟然奇迹般地看到了自己的前世。那是一个穿着漂亮的衣服、正在翩翩起舞的美丽女子……再后来，玛瑙石不见了，无论她怎么找也找不到。她突然间感到了一种前所未有的害怕、孤单与痛苦，玛瑙石对她来说意义非凡，就好比是赖以生存的宝物一样，她哭了，哭得很伤心。那些眼泪化成了一颗玛瑙珠。女孩下定决心要离开这里，去寻找玛瑙石。

就在那一天，少年在军营里看见远处的一束光不断向自己移动，到他面前时已变成了一块玛瑙石，他接住的一刹那，他也看见了自己的前世——那是一个身穿铠甲、意气风发、威风凛凛的大将军！在他潜意识里觉得一定会发生些什么事情，而要发生的那些事情也一定跟这块玛瑙石有关。因此，他将玛瑙石小心地收了起来。

玛瑙葵花式托碗

玛瑙手串

女孩每天都会掉下一滴眼泪，而每一滴眼泪都会化作玛瑙珠，等到了第二十天的时候，已经有二十颗珠子了。也就是在这个时候，女孩见到了那个少年，她觉得那个少年的瞳孔就像两颗绽放无尽光彩的宝石。那个少年也觉得，女孩的瞳仁像极了那块玛瑙石……就在他们四目相对的那一瞬间，他们认定了彼此是自己的爱人。女孩流下了第二十一滴泪，当泪水变成玛瑙珠的时候再次发出强烈的光芒，二十一颗玛瑙珠和玛瑙石穿连在一起，时光倒转，他们回到了前世……

女孩在花园里赏花，那个少年就在不远处练剑，这一切都是美好和谐的。但是女孩的手指不小心被花刺划破了，因为伤口很小，所以也没有太在意。然而就是这个很小的伤口却要了她的性命。那花是彼岸花，从她伤口中流出的血化成了玛瑙珠。那个少年悲痛欲绝，在女孩的尸体前自刎。那个少年的血化成了玛瑙石，与玛瑙珠紧紧穿连在一起。

因为心中的那份爱，他们在今生相逢；为了圆前世的情，他们在隔世相遇。在这个世界上，永恒的不只有钻石，还有玛瑙，还有心中那份不灭的爱情。

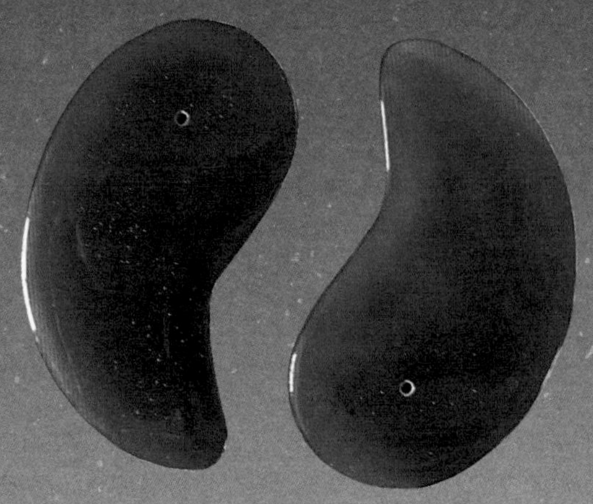
玛瑙美容刮痧板

玛瑙壶

玛瑙原石

传说二

相传爱和美的女神阿佛洛狄忒躺在树荫下熟睡时，她的儿子爱神厄洛斯在母亲毫无防备时，偷偷地把她闪闪发光的指甲剪了下来，并欢天喜地地拿着指甲飞上了天空。飞到空中的厄洛斯，一不小心把指甲弄掉了，而掉落到地上的指甲变成了石头，这块石头就是玛瑙。所以一些人认为，拥有玛瑙可以让自己的爱情得到升华。

传说三

传说在乾隆三十四年的春天，当时有个叫宝柱营子的地方，就是现在辽宁省阜新市蒙古族自治县七家子乡宝珠营子村。村里有一个叫王福宝的石农，有一天他在山坡上挖到了一个比西瓜还大的一块椭圆形的玛瑙石。老人的采料经验非常丰富，他觉得这块被油光发亮的黄色璞包裹着的玛瑙原料肯定不同寻常。他就到附近一家作坊用手工砣锯一切，发现里面像熟透了的樱桃般水灵的玉质清晰可见。王福宝把这块玛瑙料献给了土默特左旗王府的王爷，还获得了重赏。王爷如获至宝，爱不释手，还把瑞应寺的活佛请来，商议怎样雕琢这块石头。活佛可不是一个普通的人，他每两年可应邀被皇帝召见一次，见多识广。活佛说雕成佛光玛瑙朝珠吧，雕成朝珠后，由他晋献皇上，不仅是他的荣耀，也是王爷的荣耀，还是全旗人的福分。经活佛推荐，梅力板村的玉雕能手李玉成承揽了这件差事。半年之后，朝珠雕琢而成。乾隆三十五年，也就是发现这块料的第二年八月，乾隆皇帝在避暑山庄举办六十大寿庆典，瑞应寺活佛就把这个佛光玛瑙朝珠献上

玛瑙荷叶形笔洗

去了。

乾隆皇帝当时看了朝珠之后，非常高兴，当场就把自己的朝珠摘下来，换上了这个玛瑙朝珠，还问这个宝贝是从什么地方来的。活佛就说是自己的家乡宝柱营子。乾隆说，活佛家乡乃我大清有名的玛瑙之乡，今又出此宝珠，以后就别再叫宝柱营子了，就叫宝珠营子吧。乾隆一高兴，御笔亲书“宝珠营子”四个大字。同时重赏了活佛、王爷及李玉成多件乾隆款官窑瓷器以及其他赏赐品。嘉庆四年，乾隆帝驾崩，这串朝珠便随葬了。但是后来，1928 年，孙殿英盗挖裕陵，那珠子于是又有了新的传说，最后下落不明了。据说，乾隆三十五年中秋，乾隆御书“宝珠营子”题字及题诗墨宝被宝珠营子人迎回家乡，当时还在瑞应寺举行了隆重的迎墨宝大典。

玛瑙壶

清代　玛瑙巧色雕凤凰烟嘴

战国红玛瑙原石

玛瑙手镯

玛瑙的形成

大概在 1 亿万年前，因为地壳运动，岩浆流动上升，当上升到一定的高度时，与地下的水相遇，就会出现水液交融，水遇炽热岩流形成气液混合物，在岩流中就形成气泡，这些气泡大小不一、稀疏不同、形态各异，气泡则形成空洞。随着岩浆的再次上升，受地球压力的减小，岩流气泡变大并且发生滚动，当岩浆到达一定的高度不再流动时，气泡也随着定位，这时气泡外形也就不再变化，随温度的冷却，最外层的二氧化硅逐渐形成了阴晶石，这是一种不透明、不漏水、不透气、致密而坚硬的玛瑙薄壳，壳内含有气体、液体和二氧化硅胶体，再次冷却后的二氧化硅胶体形成玉髓，分布于壳的内壁，这时，气体混合物中含有淡微粒的玛瑙出现黑色条带，含有氧化锰的出现褐色条带，含有钙和镁的出现浅白或浅灰色条带。这些含有色素离子的矿物，根据温度不同，按先后次序结晶，形成了层次分明、颜色不同的纹饰，称为晶腺，带有晶腺构造的二氧化硅集合体叫作玛瑙。二氧化硅胶体再次冷却，压力减少，结晶速度缓慢，便形成了石英颗粒和水晶晶簇。剩余的液态主要成分是水。这种空洞内含水的玛瑙称为水胆玛瑙，而这样的水又称原生矿物水，在自然界中数量极少，只占全部水胆玛瑙的千分之几。

玛瑙的另一种成因是火山爆发时先形成玛瑙的空洞，由于外壳封闭不严或有沙眼及小油孔，地下水向内渗入，后期外壳又被钙质或泥质物包裹，甚至有的胶结得十分坚硬，里面的水很难泄漏出来，也就形成了水胆玛瑙。大部分水胆玛瑙属于这种类型，其特点是胆内水量多，分布较为广泛。

第三种是玛瑙形成之后，由于上复地层的压力或地壳变动及地质构造作用使玛瑙球体发生裂隙，地下水沿裂隙向内渗入，裂隙被泥沙和黏土封闭，经过年长日久沉积为岩，而胆内的水又不易外渗，即为水胆玛瑙。

玛瑙摆件

玛瑙聚宝盆

据东海圣时水晶博物馆专家介绍，玛瑙聚宝盆因汇聚千万粒水晶与珍奇玛瑙于一身，犹如神仙居住的洞天福地，也是能量聚集点，因而得名“龙穴”。一剖为二的玛瑙盆里，水晶如茂密丛林般簇拥生长在玛瑙壁上。玛瑙聚宝盆富含强大内敛的神奇能量，是财神宝物。传说中，聚宝盆能让财富以相乘加倍的速度增加，富贵人家常用它作为摆放宝物及招财纳吉之吉祥物。玛瑙聚宝盆一直以来都是非常流行的风水圣物，世间没有完全一模一样的聚宝盆，件件独一无二，各个市场绝版！它打开时就是要纳气、蓄气，盖起来时就是在孵育、强化。

天然玛瑙聚宝盆

玛瑙的产地

玛瑙主要产于火山岩裂隙及空洞中，也产于沉积岩层中，是二氧化硅的胶体凝聚物，与水晶、碧玉等一样，是一种石英矿，化学成分是二氧化硅。

中国的玛瑙产地分布广泛，几乎各省区都有，主要产地有辽宁、内蒙古、河北、湖北、山东、宁夏、新疆、西藏和江苏（所产雨花石以玛瑙为主）等十省区。

辽宁玛瑙石主要产于辽宁省阜新市阜新蒙古族自治县、彰武县。

阜新是中国玛瑙主要产地，有“玛瑙之乡”的美称，其玛瑙石的开采利用已有8000年历史，历经辽代、清代两个繁荣时期，乾隆年间为全盛时期。该地产的玛瑙石质地细腻，色泽光艳缤纷，纹理瑰丽，晶莹剔透，天然丽质，是艺术雕刻的首选材料。主要品种依

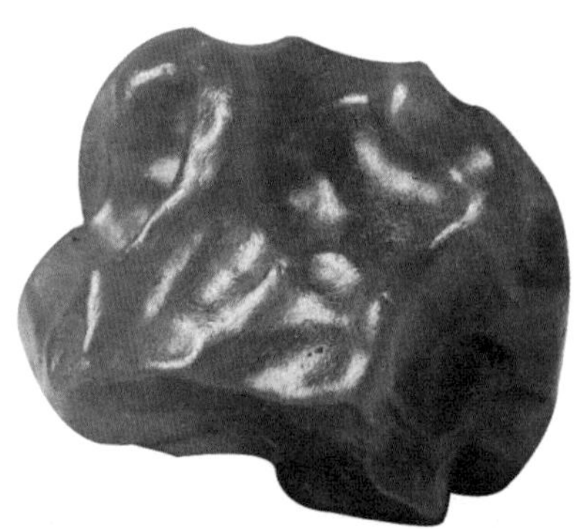

戈壁玛瑙

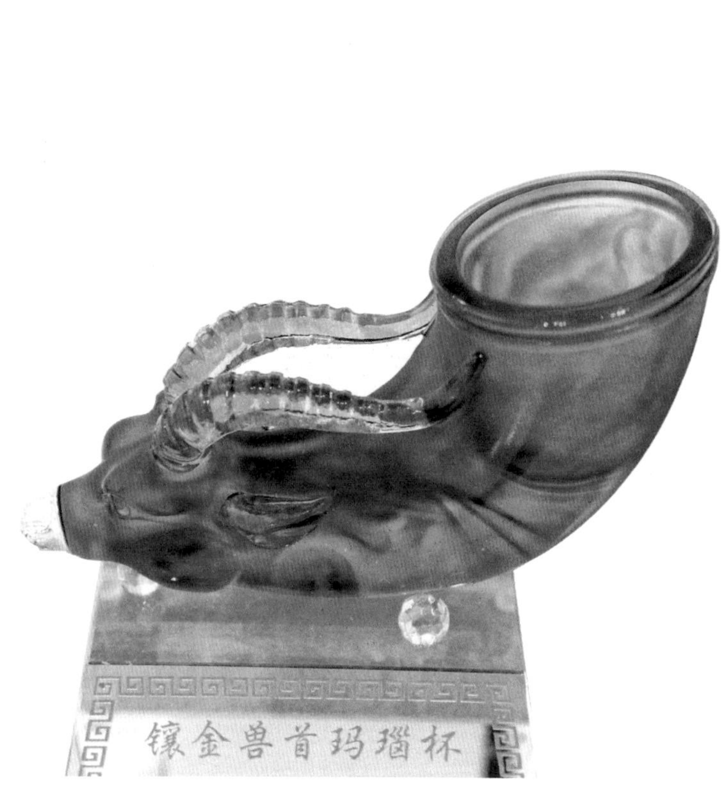

老玛瑙笔洗

颜色分有红玛瑙、白玛瑙、灰玛瑙、黑玛瑙、绿玛瑙等，特别是阜新老河土乡甄家窝卜村的红玛瑙和梅力板村前山的绿玛瑙极为珍贵。

依条纹和包裹体分有：截子玛瑙——黑白相间的层状玛瑙；缠丝玛瑙——纹带细密似蚕丝一样层层缠绕；苔藓玛瑙——含绿泥石包体的玛瑙；树枝玛瑙——由铁锰氧化物生成的柏枝状图案；水胆玛瑙——中心空洞中含有水液。

西藏玛瑙石主要产于西藏喜马拉雅山脉。该地产的玛瑙石质地坚实细腻，晶莹剔透，色彩斑斓，饱满光亮，纹路清晰，多有天然图案。

产于西藏山南地区的天然水草玛瑙，美丽典雅，色泽鲜艳，里面的水草絮状物为天然矿物质成分。

此外，西藏还生产俗称玛瑙石的天珠原石，属于九眼石页岩，是沉积岩的一种，为薄页片状岩石，含有玉质及玛瑙成分，硬度为 7 ~ 8.5，蕴藏于平均海拔 4000 米以上的喜马拉雅山域。

西藏天珠

天珠又称“天眼珠”，为藏密七宝之一，史书记载为“九眼石天珠”。天珠的主要产地在我国西藏、不丹等喜马拉雅山域，红色的磁波最强，是一种稀有宝石。天珠矿石属半宝石，除南非钻石硬度为摩氏10外，尚未发现其他任何矿石的磁场强得过天珠，这也就是唯独西藏的玛瑙才称为天珠，其他巴西、波斯、苏联等地的玛瑙不能称为天珠的原因。天珠的藏语发音为“思怡”（DZI），为威德、财富、美好之意，而梵文是以“昧自尬”称呼天珠。对于天珠的说法众说纷纭，有些论点至今已无从考据。相传天珠原属于“天神”的宝物，因为出现了缺陷，被贬降到人间，后被藏族发现，所以藏族人至今仍认为天珠是“天降之石”。

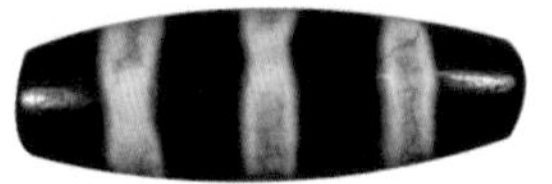

三线天珠

菩提天珠

六眼天珠

从考古资料知道，天然天珠作为早期藏族人民的饰品，主要是由一些古地中海（又称古特提斯海）的贝类海螺化石经过简单打磨后组成的。藏族考古学家索朗旺堆的考古发现认为，喜马拉雅山在远古时期是汪洋大海，当地球变迁、山峰隆起时，古地中海中的一些贝类海螺及浮游生物在极其苛刻的自然地理环境下，玉化成天珠。当远古藏民捡到一种有生命的、鲜活的、玉化的石头时，会虔诚地认为这是天神佩戴过的饰品；他们把这种对神的敬仰以及对生命的崇敬之感化为对天珠的膜拜。在历史的传承中不断赋予天珠各种文化内涵以及圆满功德，使得如此完美的石玉器文化世世代代庇佑着藏族儿女在雪域高原生生不息。

产于黑龙江逊克县宝山乡的逊克玛瑙石，质地坚硬，色彩绚丽温润，颜色丰富，有红、深红、粉红、浅绿、杏黄等；透明度好，块度大；储藏量丰富。逊克玛瑙石可用于雕刻花卉、酒杯、人物、项链等工艺品，颜色俏丽，晶莹明亮。

西藏天珠手串

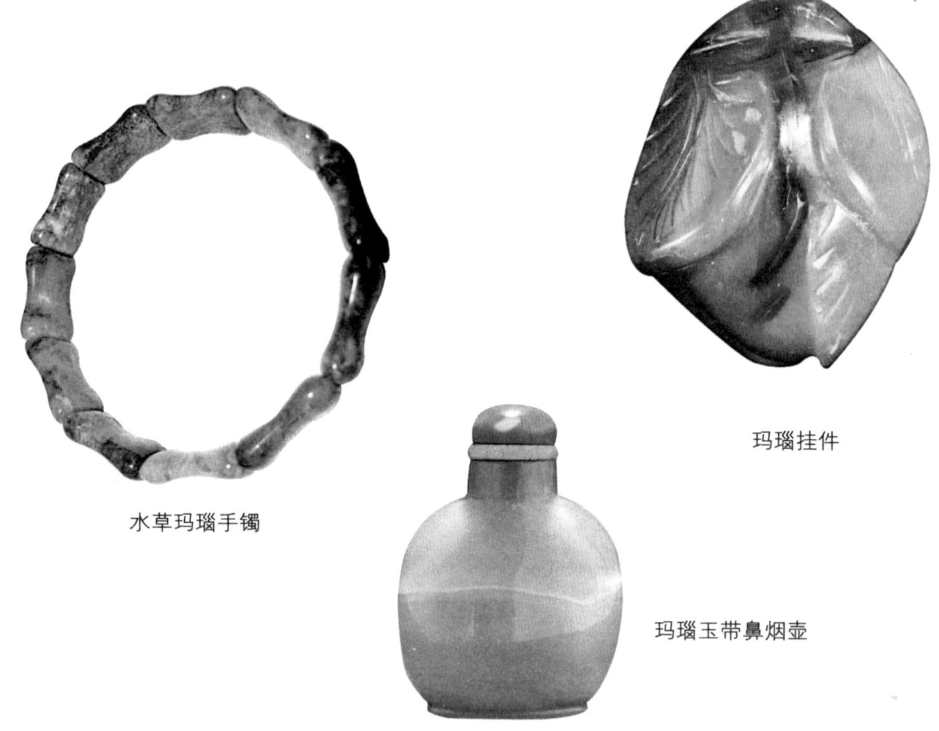
水草玛瑙手镯
玛瑙玉带鼻烟壶
玛瑙挂件

逊克玛瑙石大多为紫红色块状，主要分布于逊克县阿延河流域，宝山乡因玛瑙石的品位上乘、产量丰富而得名。玛瑙石毛石的棱角线和不规则的凸起部分过度圆滑，石上平面部分，亦有当年裸露在地表上风蚀雨浸的斑斑坑洼。特别是从当地 10 米以下的深土层中挖出的玛瑙石色、质最佳。1978 年曾采过 32.4 千克的水胆玛瑙，还采到重达 100 千克的特大玛瑙。逊克县宝山乡境内现有面积为 13.52 平方千米的玛瑙石县级自然保护区，主要保护对象即天然玛瑙石。

宁夏玛瑙石主要产于宁夏沙漠中。玛瑙石是在火山喷发过程中形成的，质地晶莹剔透、色泽艳丽、富贵华丽、造型精巧、浑然天成，有的积聚在一起，就好像珍珠和葡萄一样，极具收藏价值和观赏价值。

世界上出产玛瑙的国家和地区甚多，如印度、巴西、乌拉圭、法国等就出产红玛瑙；印度、美国、澳大利亚等出产苔藓玛瑙；马达加斯加、乌拉圭、巴西、墨西哥等出产带状和缟状玛瑙；美国、墨西哥、纳米比亚等出产花边玛瑙；古巴出产褐色和蓝色风景玛瑙；尼加拉瓜出产多种优质玛瑙等。

玛瑙的种类

按颜色特征分类

单色玛瑙

1.红玛瑙

红玛瑙是常见的硅氧矿物，它基本上就是石英，很多性质都与石英相同。我们熟悉的雨花石其实就是红玛瑙。红玛瑙在矿物学上还属于玉髓的变种。它的颜色多种多样，而且常常是呈多种颜色的，一般为半透明到不透明。红玛瑙是一种低级别的宝石，但人类将它加工成工艺品的历史却很久了。

红玛瑙泛指红色的玛瑙，鲜红至深红色玛瑙及浅红或黄色玉髓。红玛瑙分为东红玛瑙与西红玛瑙。东红玛瑙是指原石的颜色不纯正，经热处理

天然红玛瑙福寿纹花插

红玛瑙吉祥如意挂件

蓝色玛瑙手链

过的红玛瑙，俗称烧红玛瑙，最初这种玛瑙来自日本，故名东红玛瑙；西红玛瑙是指天然红色玛瑙。现在我国对玛瑙的加热处理技术已完全掌握。东红和西红玛瑙的名字现在已经用得很少了。目前市面上的红玛瑙一般都经过了热处理。红色艳如锦的称为锦红玛瑙，即红玛瑙的上品。红玛瑙是各色玛瑙中的上品，故在《格古要论》中有“玛瑙无红一世穷”之说，足以见得红色对于玛瑙的重要性。

2. 棕玛瑙

棕玛瑙又名鸽血玛瑙，是黄红到棕红色的玉髓亚种。

3. 蓝玛瑙

蓝玛瑙是指蓝色或蓝白相间的玛瑙。这是一种色彩淡雅的玛瑙，它的颜色十分美丽，块度大的蓝玛瑙是玉雕的好原料。上好的蓝玛瑙颜色深蓝，低等的则颜色浅淡。蓝玛瑙经火不褪色，是珍贵品种，多用于做首饰。蓝玛瑙产量少，目前中国市场上的蓝玛瑙制品多半由人工染色而成。人工染色的蓝玛瑙常见的是紫罗兰色，蓝中带紫的色调，也有普蓝和宝石蓝色的。

主要产于澳大利亚昆士兰州。

4.蓝玉髓

蓝玉髓因在我国台湾东部海岸山脉都兰山被发现，故也称“台湾蓝宝”。蓝玉髓属隐晶质石英宝石，它之所以呈蓝色是因为含有铜的缘故。蓝玉髓呈半透明至透明，在中低档玉石产品中，价格也是较高的。其中以透明、中等蓝色而边缘带黄绿色者售价最高，这种蓝玉髓不会褪色。深蓝色半透明的蓝玉髓，颜色接近蓝宝石，在热环境下容易脱水褪色。有些蓝玉髓甚至在空气中也会脱水褪色。台湾蓝玉髓因产量少，市场供不应求，故有用石英岩或白玉髓染色的仿制品。

5.绿玛瑙

绿玛瑙也叫绿玉髓，因主要产于澳大利亚，又名英卡石、澳玉。绿玛瑙比较脆，呈绿色半透明状。因含 Ni^{2+} 含包裹体阳起石、绿泥石微粒而呈绿色，所以经常被用来冒充翡翠。绿玛瑙相当稀少，色彩诱人，是最具价值的石英矿石之一。绿玛瑙经过加工，做成半球形珠宝后，可与紫水晶媲美。

6.铬玉髓

铬玉髓是一种由铬的氧化物产生鲜绿色的玉髓的变种，与绿玉髓相似，也很像

黑玛瑙手镯

翡翠。

7. 胆青玛瑙

胆青玛瑙是一种色青如胆汁的青黑色玛瑙，经常被做成玛瑙球等摆设、装饰品。经火褪色，变成白色。

8. 紫玛瑙

紫玛瑙多呈单一的紫色，优质者如同紫晶，而且光亮，其中以葡萄紫色为最好。紫玛瑙的质地较粗，透明度不好。市场上的紫玛瑙大多是染色而成。

9. 蜡玛瑙

蜡玛瑙有蜡状光泽，泛指呈黄色、黄红色的玛瑙。

10. 酱斑玛瑙

酱斑玛瑙是一种绛紫色、暗褐色玛瑙。

11. 白玛瑙

白玛瑙是以白色调为主或无色的玛瑙，可分为两种：一种透明，另一种不透明。透明者能看到内部的层次变化。不透明者细看也可以发现少量变化的硅质层次。这种白色玛

战国　白玛瑙环

老缠丝玛瑙手串

天然龙纹紫玛瑙手排

瑙很容易和石英搞混，所谓“石英”，只要仔细看就不难发现它颗粒粗糙、结构疏松。目前还发现了像玉石那样纯度很高而又结构细腻的白玛瑙——蛋白石。其实有的白玛瑙属于白玉髓，多用于制作珠子，然后进行人工着色，可以着色成蓝、绿、黑等色。白玛瑙是染色玛瑙最好的原料。

12. 黑玛瑙

黑玛瑙是指黑色的玛瑙，自然界非常少见，因此黑玛瑙也指由天然玛瑙经过加温工艺变成黑色，在鉴定上因为没有添加其他非天然成分，所以仍属天然黑玛瑙，且不会褪色。目前中国珠宝市场上的黑玛瑙都是人工着色而成，其色浓黑，易与其他黑色玉石相混。

13. 霜玛瑙

霜玛瑙又名霜石，为白色条纹的玛瑙。

多色玛瑙

1. 缠丝玛瑙

缠丝玛瑙是各种颜色以丝带形式相间缠绕的一种玛瑙，因相间色带细如游丝，所以称为缠丝玛瑙。有的红白相间，有的蓝白相间，有的黑白相间，或宽如带，或细如丝，甚为美妙，其中以细如游丝又变化丰富者为好。缠丝玛瑙也是玉雕中经常使用的品种。

2. 锦犀玛瑙

锦犀玛瑙是一种五颜六色混合抛光后显五彩缤纷的彩虹状玛瑙。

3. 合子玛瑙

合子玛瑙是完全漆黑而有一丝白色条纹环绕的玛瑙。也称这种玛瑙为腰横玉带。北京玉器厂曾将合子玛瑙雕成一群黑山羊，每只羊的腰部都绕一白圈，十分别致。

4. 锦花玛瑙

锦花玛瑙是红白色条纹相间的玛瑙。白色是蛋白石或石髓，也称红花玛瑙。

5. 截子玛瑙

截子玛瑙是一种有着细致纹理的玉髓石英石，并有交替的平行色彩光带。

按形态特征分类

1. 眼玛瑙

中央呈黑色，周围是椭圆形或圆形缠绕的条带玛瑙品种。可以用来镶嵌做木偶或用作护身符等的眼睛。

2. 猫头鹰眼玛瑙

具有两个类似眼睛的眼玛瑙，有时称牛眼玛瑙。

3. 子孙玛瑙

玛瑙内部有两期成矿作用形成的玛瑙，第一期与第二期形成玛瑙的颜色、花纹不同。

按条纹特征分类

1. 缟玛瑙

条带以不同颜色相叠且相互平行的玛瑙称缟玛瑙。缟玛瑙是隐晶型的石英，组成十分优良的矿物石英及摩根石。缟玛瑙具蜡质光泽，

红花玛瑙原石

木玛瑙手串

也有半透明的品种。它的颜色通常是白色或灰色、灰蓝色或棕色等，从苍白到接近黑色。宝石商也用缟玛瑙这个名称称呼各种染色玉髓，把染成不透明的黑色玉髓称黑缟玛瑙。

2. 角砾玛瑙

其条带层理像是古城废墟遗址样的图案花纹，又称块结玛瑙。

3. 城寨玛瑙

又名堡垒玛瑙、城堡玛瑙。在缟玛瑙中有棱角状花纹，如同城郭纹饰故名。

4. 玄玛瑙

玄玛瑙是指具有暗色云状纹理的玛瑙。

5. 珊瑚玛瑙

指玛瑙的条纹呈珊瑚的形状，或指具有珊瑚假象的玛瑙。

6. 火炬玛瑙

指组成玛瑙的条纹结构呈火炬状，条纹可由各种颜色组成。

7. 蘑菇玛瑙

指条纹的结构形态如蘑菇。

8. 木玛瑙

指玛瑙质硅化木，其硬度、密度及色彩都和人造玛瑙玉石完全相同。但因其具有树木假象，所以叫木玛瑙。

Agate

染色玛瑙

玛瑙几乎不存在仿冒品，不过有人曾试图用硝酸银生产树枝状玛瑙的图案，也曾出现过苔丝玛瑙的拼合石。由于大量的染色玛瑙涌入市场，所以广大的玛瑙爱好者在购买玛瑙的时候需要提高警惕。在 19 世纪 20 年代，玛瑙就被发现在伊达尔 – 奥伯施泰因（玛瑙加工和抛光的中心）被染色。染色工序中需要用到一种特殊的有机颜料，无机颜料会在阳光下褪色，且染的颜色不深。这是一道复杂的工序，颜料的吸收是由玛瑙不同颜色层间的孔隙分布程度决定的。

许多染色玛瑙的颜色很浅，肉眼观察不太明显，因此不要只因没有明亮的蓝色或者绿色就认定这些玛瑙是天然的。尽管染色玛瑙在珠宝界很寻常，但是染色的工序也应该向消费者告知。天然颜色的玛瑙很贵，而质量差、价格低的玛瑙通常都被染色。

识别染色玛瑙的一个方法是把玛瑙放在一个塑料袋或者塑料盒子中，玛瑙在温暖的天气会变得潮湿，便会留下明显的颜料沉淀或者其他痕迹。

按光学特征分类

1. 火玛瑙

指一种半透明到几乎完全透明的白色玛瑙，外观为葡萄状。经研究是玉髓中含有极薄的氧化铁或硬锰矿层，由于光的干涉作用产生与蛋白石一样的变彩现象，但蛋白石变形的形成是由于二氧化硅颗粒因光的衍射而形成的干涉作用。加工时需注意正确的切磨方向。常见的颜色为橘黄、绿、紫、黄，红色和蓝色少见。

2. 淡水玛瑙

指有荧光性的玛瑙，产自美国怀俄明州。

3. 砂金石玛瑙

指含有红色的小针铁矿晶体的玛瑙。小的针铁矿晶体能产生砂金石效应。

4. 闪光玛瑙

在玛瑙的抛光面或蛋圆形上，当晃动或转动时可出现一条黑色游动的并有宽窄变化的光带。一块抛光面上可出现多条闪光光带，它们只出现在玛瑙条带的转折处。在显微镜下，条带的转折处是一条微细的裂隙。光带的清晰程度与玛瑙条带的宽窄有关，玛瑙相交叠的层可以非常薄，可薄到几分之一毫米。在垂直条带层理的方向琢磨，条带愈窄光带清晰程度愈高，条带的宽度大于 0.7 毫米，闪光模糊不清；条带宽度大于 1 毫米不

天眼玛瑙手链

火玛瑙原石

会有光带出现；玛瑙条带为单一颜色，则光带清晰；玛瑙条带由多种颜色组成，则闪光不明显。这种光带的产生是光的折射作用的结果，与猫眼产生的原因一样，即波纹效应。

5. 星光玛瑙

星光玛瑙分为两种：一种指具有星光的玉髓；另一种指具有星状包裹体的玉髓。

按包裹体及包裹体形态特点分类

1. 水草玛瑙

又名苔玛瑙、藓纹玛瑙、苔藓玛瑙、苔纹玛瑙。具有绿色或黑色及红色的玉髓。不完全透明至半透明。如苔藓者称苔藓玛瑙，如水草者称水草玛瑙，如羽毛者称羽毛玛瑙。

2. 圆点花纹玛瑙

圆点花纹玛瑙是指具有小的棕、红或黄色圆点的半透明玉髓。

3. 圆盘玛瑙

圆盘玛瑙是指具有椭圆形、圆形氧化铁包裹体的玉髓。

4. 血点玛瑙

血点玛瑙是指一种具有红色或棕色斑点、状如血滴或条纹的不透明的碧玉，又名红斑绿玉髓，也称鸡血石。“鸡血石”一词也用来指因含有辰砂的昌化石，浙江省临安县所产，以地开石为主及少量高岭石称昌化石。红色的辰砂状如血滴洒落在昌化石上。此外，

蚕丝玛瑙佛珠

管状玛瑙项链

水胆玛瑙手把件

内蒙古巴林右旗所产的巴林石以含高岭石为主，少量含明矾石、叶蜡石，也因含辰砂如鸡血散布在巴林石中，而称鸡血石。

5. 银玛瑙

银玛瑙是指含有自然银或像自然银矿物（如自然铋或辉银矿）的碧玉。.

6. 网金红石玛瑙

网金红石玛瑙是指含有针状色裹体的玛瑙或玉髓。

7. 管状玛瑙

管状玛瑙分为三种：一种是指玛瑙受到动力作用出现裂纹或因重结晶作用产生裂纹，这些裂纹有脉或管状物充填穿过玛瑙纹层；另一种指在半透明的玛瑙中存在有管状不透明包裹体；还有一种是指管状形状的东西将玛瑙条纹分隔开。

8. 水胆玛瑙

水胆玛瑙是指有液体、气体包裹体的玛瑙或玉髓。包裹体形如水胆而得名。水胆是玛瑙中最宝贵的部分。巧妙地利用空洞中的气、液包裹体的水珠，正好在以玛瑙雕刻的鱼或虾的嘴边，好似鱼虾吐出的水泡构成精美艺术品。加工时要把水胆部分做得薄一些，使人们容易欣赏观察到。

9. 砂心玛瑙

砂心玛瑙是晶腺状的玛瑙，因中心部位生长着石英晶簇而称砂心。在玛瑙的同心环带状花纹的最内层有时会有石英晶体，这就是所谓的玛瑙“砂心”。玛瑙砂心有实心的，也有空心无水和空心含水的。当砂心玛瑙用作雕刻原料时，就要把砂心去掉不要。现在砂心玛瑙多用作观赏石，尤其砂心是紫水晶，紫水晶的紫色以深为好，是比较珍贵的观赏石。

水草玛瑙

水草玛瑙就是玛瑙中的杂草玛瑙，是一种夹杂有绿色或其他色的玛瑙。水草玛瑙其实也叫“天丝玛瑙”，硬度为 7.0 ～ 7.5，比重为 2.60 ～ 2.65，折射率为 1.54 ～ 1.55，其内部景观别致，天然形成的纹理就好像河塘中飘荡的水草，婀娜多姿，蜿蜒缠绕。有绿色、紫色和黄色。水草玛瑙不仅是饰品，极品的水草玛瑙更是具有艺术价值的收藏品。大块的水草玛瑙很少见，价值不菲。2012 年 8 月，辽宁一男子发现世界上最大的水草玛瑙，重 38 吨，价值无法估量。

水草玛瑙的能量稳定，与大自然关系密切。据说它能够使“灵魂重生”，有助于使你发现自身的美；能够减轻气候与环境污染带来的伤害，尤其对从事农业和园艺行业的人员有利。

清代　水草玛瑙葫芦小洗

Agate

南红玛瑙

在众多的玛瑙之中，南红玛瑙可谓是一枝奇葩。南红玛瑙作为我国独有的玛瑙，生于深山大泽之中，实乃天地之灵物。质地细腻，产量稀少，早在清朝乾隆年间就已开采殆尽，所以老南红玛瑙价格每年都处于上升状态。古人用南红玛瑙入药，养心养血。信仰佛教的人认为它有特殊的功效。佛家七宝中的赤珠（真珠）指的就是南红玛瑙。

其特性鉴定要点就是把南红玛瑙贴近强光，对着强光能够看出南红玛瑙的红色是由无数个朱砂点聚集形成的红色，这个特点是其他玛瑙所不具备的，如果非常红的南红玛瑙，光根本就打不透。

随着地质勘探的发展和新的矿脉被发现，目前市面的南红玛瑙主要为云南保山和四川凉山的新矿。云南保山产的南红玛瑙（即老南红玛瑙的原产地），有质量不错的，很接近老南红，但是和老南红相比，胶质感差一些，老南红古时候是在悬崖上开采出来的，现在的保山料是矿洞里面开采出来的，高端的保山料颜色红润，但缺点是多裂，不容易出大件料；另一种便是四川凉山出产，颜色和云南保山的略有区别，有九口、瓦西、联合

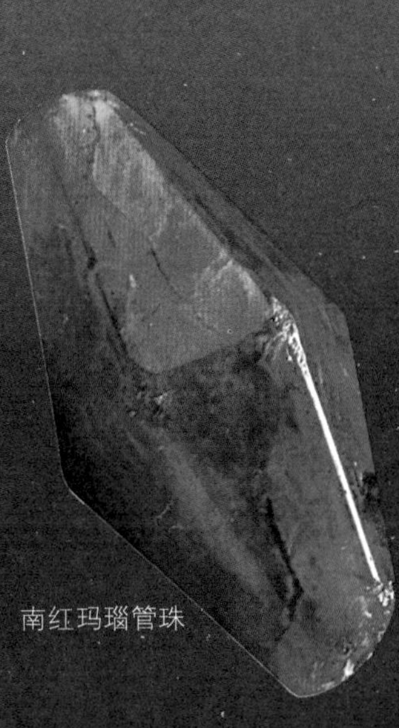

南红玛瑙管珠

南红玛瑙原石

南红玛瑙金玉满堂挂件

老南红玛瑙珠

等多个矿口，具有玫瑰红、柿子红、樱桃红等多种不同颜色，较易出大件。

南红玛瑙的原料种类

南红玛瑙原料因地质环境不同，质地、矿态也不相同，不同地质环境下呈现出不同的外观。按颜色可将南红分为锦红料、玫瑰红料、朱砂红料、红白料等。

1. 锦红料

锦红料是南红玛瑙中最为珍贵的，最佳者红艳如锦，其特点是红、糯、细、润、匀。颜色以正红、大红色为主体，其中也包含大家所熟知的柿子红。

2. 玫瑰红料

玫瑰红料颜色相对锦红偏紫，整体为紫红色，如绽放的玫瑰，史上较为罕见，在凉山南红矿中有一定量的出现。

3. 朱砂红料

朱砂红料主体红色，可以明显看见由朱砂点聚集而成，也有的呈现出近似火焰的纹理。有的朱砂红的火焰纹甚是妖娆，有一种特别的美感。

4. 红白料

红白料是红颜色与白色相伴生，比如常见的红白蚕丝料，其中红白分明而罕见，通过巧妙的设计雕刻，可达到意想不到的艺术效果。

5. 纯白料

纯白料是有着以白色为主体的南红材料，因其是纯白色也被玩家们称为南红白料。个别白色南红材料会带着天然蚕丝，蚕丝形状各异，非常漂亮。

6. 缟红料

缟红料是有着以红色系为主体的缤纷纹理的南红材料，因其纹理类似红缟纹理，故被玩家们称为缟红纹南红。

南红玛瑙必产品种

现在存世最多的南红玛瑙产品应该是珠子，一般人都是通过南红珠子来认识玛瑙，南红做成珠子的比例在南红制品中拥有压倒性的优势。

南瓜珠

这种珠子被认为是宋辽时期开始出现，大概在元明时期达到巅峰，清代的南瓜珠已经不多见。一般认为矮桩南瓜的年份相对要早一些，能够达到宋元。中桩的南瓜一般认为是元明时期的产物，其中出现尺寸超大（直径30厘米以上）的都基本认为属于这一时期。高桩的南瓜一般被认为是清朝或者稍早一些的。

朝珠

这是南红从西藏走入清廷之后出现的，属于内陆地区的产品（亦常见于云南）。一般都具有圆形周正、形制规整、抛光程度高、极少出现白芯的特点，比较容易和藏区的

南红玛瑙南瓜珠

圆珠产生混淆。由于当时整个上层文化对藏文化的偏爱，所以就在清朝规制之外出现了南红的朝珠，在不敢使用南红朝珠的官员中，似乎也有使用南红的倾向，我们从一些历史遗物中可以看到一些南红材质的分珠（即朝珠串中那 4 颗大珠）、三通、佛嘴、背云、佛头、坠子等。一般这些南红配件配合翡翠、象牙材质使用较为常见。十分罕见的南红雕花珠大部分是属于朝珠范围的，清手串珠也同样属于此范围。

朝珠的价格也是南红中相当高的一种，主要原因是制作的精细程度较高，所以一般品相相对完整。一颗好的南红分珠的价格可以达到 2000 元以上。一颗普通朝珠的价格也会达到好几百元。

藏区圆珠

这种圆珠大概是在清代出现，一般认为是藏区相对较晚出现的一种珠子类型，可以延续到非常接近新中国时期。一般情况下，圆珠出现的地区都更接近中原文化。圆珠的品相一般相对较好，而且确实也更符合近现代审美观，所以价格也相对较高，一般的小圆珠也要 200 元左右一颗。一颗较完美的圆珠则需要几百元甚至千儿八百元。

扁珠

扁珠又称橄榄珠，因其外形跟橄榄相似而得名。扁珠的历史相当悠久。

南红玛瑙扁珠手串

红珊瑚玛瑙手串

其实扁珠的形制亦有分别，形制不同年份应该说差距很大，一般可见的分为两种：一种是相对规矩的扁珠，具有明显的橄榄形特征，珠体具有较好的对称性。最为常见的是南红珠形制，出现的时间大约在17—18世纪。一种是不规则扁珠，具有相对随形的特点，珠体通常都不太具有对称性，珠体一般相对较大，珠子的包浆通常都极其厚重，孔洞也极其古朴。这类珠子参考随形蜜蜡珠的断代，大概应该到元明时期甚至更早。其实这类南红也是相对少见的品种。

扁珠由于流行范围广、产量高、时间长等原因，再加之扁珠通常被藏民用于敲击碎块药，因而造成品相残缺，价格相对较为便宜。一颗品相较完美的扁珠也就在几百元到千元左右，品相一般的百来元人民币也就可以成交。

扣子

这类东西大部分见于云南及云南的辐射区域。形制特殊，一眼就可以认出，一般色彩都偏浅些，品相较好。这些扣子一般都无疑地被认为是清代制品。价格也是诸多南红珠中最便宜的。

算盘珠

算盘珠又称片状珠。这种珠子出现的时间应该最晚，大概应在 17 世纪左右，大约在清末民国停止制作。这种珠子的制作工艺水平高低差异非常大。高档的算盘珠形制取料也会非常讲究，形制非常规整，甚至部分在 90° 交角处有平台过渡（类似于清扳指的边角处理），抛光也非常好。而质量较差的算盘珠无论是选料还是工艺都比较粗糙，有部分不抛光。因为品相和工艺的差别，价格也存在巨大差异，基本价格要比同品质的扁珠稍微便宜一些。

南红玛瑙的历史

我国应用南红玛瑙的历史非常悠久，在战国贵族墓葬出土的文物中就发现了南红玛瑙的串饰，如云南博物馆馆藏有古滇国时期的出土南红饰品，北京故宫博物院馆藏的清代南红玛瑙凤首杯更是精美。这些南红玛瑙制品、南红玛瑙雕刻件都是研究宫廷碾玉的实物资料，具有非常重要的历史价值和艺术价值，被定为国家一级文物。从这些馆藏作品不难看出，历朝历代对南红都非常重视，同时南红也是很稀少的珍贵材料。

南红玛瑙雕件

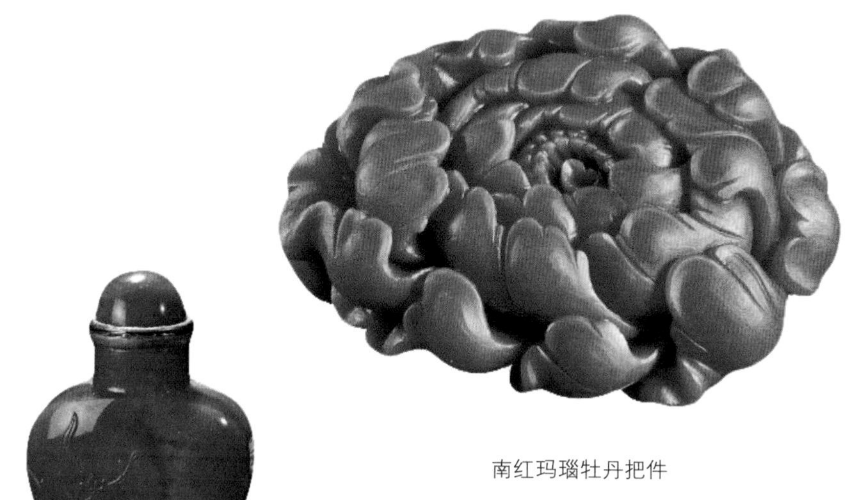

南红玛瑙牡丹把件

南红玛瑙雕玉兰花鼻烟壶

明代《徐霞客游记》中曾描述，当时徐霞客来到云南一个叫作玛瑙山的地方，他看到悬崖峭壁之中嵌有一种玛瑙，其“色月白有红，皆不甚大，仅如拳，此其蔓也。随之深入，间得结瓜之处，大如升，圆如球……此玛瑙之上品，不可猝遇”。据考证，文中的玛瑙山就是现今的云南保山地区。保山南红也是应用最早、被认知最深的玛瑙，但因所处地质环境原因，材料多绺裂，难成大器。四川凉山料的出现弥补了南红矿的空缺，且有一定量的高品质南红材料出现。近代一些顶级南红器物基本都是采用该产地的材料。

南红玛瑙的应用到清代达到了顶峰。清代留存下来的南红重器有红白鱼花插等。乾隆时期对雕刻工艺、玉石材料的选择标准都非常高，当时有大量绺裂的保山南红使收藏级的南红作品无法继续制作，传世的收藏级作品也就逐渐从历史视线中消失了，以至于人们认为南红在清乾隆时绝矿。其实，保山矿一直出产南红矿料，只不过材料的绺裂瑕疵过多，无法应用于玉石加工，直到现代工艺将真空注胶应用在南红加工上。

近年来，随着四川凉山地区高品质南红玛瑙矿的发现，收藏级别的南红玛瑙作品又重新回到收藏界，再次掀起了南红玛瑙收藏的热潮，吸引了众多藏家的关注。

我们迄今所知古滇国后最早的南红珠就是扁圆南红多棱珠，而实际上，这种南瓜形制最早见于古埃及，在我国的历史起码可以追溯到战国，并且这种形制在明清的琉璃珠中也不少见。时间跨度长达 2000 余年。

再之后的历史恐怕不用说，喜欢收藏南红的人肯定是耳熟能详了。因为藏区使用的红珊瑚全部为所谓倒枝珊瑚，只产于日本海峡和台湾海峡，贸易的相对困难和本身珊瑚材质的珍贵决定了红珊瑚只是属于藏区高层的奢侈品，而广大的藏民同样需要这些红色的寄托，因此南红玛瑙作为深海红珊瑚的替代品正式走上了藏区的舞台，成为众多信徒的随身配饰。这种情况至早结束于清晚期，伴随着通常认为清晚期南红矿藏的枯竭，南红珠子的制作才基本结束。

南红玛瑙雕件

南红玛瑙挂件

南红玛瑙的收藏价值

南红的定义及来龙去脉十分复杂，有说是云南的红玛瑙，也有说是南方的红玛瑙，但甘肃等北方省份也有南红。其时间界定从汉到清都有。

红色在中国拥有喜庆吉祥的寓意，因为它不单单是一种颜色，更是中国人对美好愿望的一种寄托，同时有些迷信的人觉得红色能够保佑主人不受邪恶鬼魅的侵害，所以红色在中国很受欢迎。也正因为这个原因，对于赤红的南红玛瑙，很多人认同它，觉得南红玛瑙是一种吉祥物，再加上南红玛瑙的产量非常低，且早在清代乾隆时就一度绝矿，故市场流通中的上品非常稀少，这就必然导致了南红玛瑙的价格上升。现在，南红玛瑙收藏投资较具潜力。

2011 年 3 月，北京国际珠宝交易中心举办国内首届南红玛瑙高规格展，以“稀世之珍南红归来”为主题，向世人展现不断高涨的南红玛瑙收藏、投资热潮。近年来，南红玛瑙在珠宝艺术品市场和古玩市场都非常热，色相较好的上等老玛瑙更是炙手可热，有时候即使拿着钱也未必能买到如意的好玛瑙。

现在，用上等南红玛瑙制作的珠宝摆件存世稀少，好的老南红玛瑙石材存量也较少。这些因素，都使南红玛瑙的收藏价值与日俱增。

几年前，老南红玛瑙珠每颗售价可能就是三五十元，而现在每颗老南红玛瑙珠的价格大约在三四百元，而一些极品老南红玛瑙珠要上千元才能买到。专家建议，收藏可以首选玫瑰红、朱砂红、柿子红等色，这些都是南红玛瑙的上乘色品。

南红玛瑙的鉴别

南红玛瑙形制多为珠子或类珠子。如今市场上南红价格冠绝各类玛瑙之首，故也常有作伪。

颜色

南红玛瑙常见的颜色为甘肃的柿子红（橙红）、大红、粉，也有比较少见的紫红，以及这些色彩的透明或者半透明的变化色，包括接近透明的无色，都大致地定义为南红的颜色范围。而其白色的纹路多少则要依情况而定，有像丝带一样的纹理也有白红相间各占一半。值得一提的是，南红的纹路十分锐利，所有的纹路转折时候都会有明显的角度（判定的重要标准之一），给人一种干净利索的感觉，也就是说红白纹路分明。南红除去

南红玛瑙

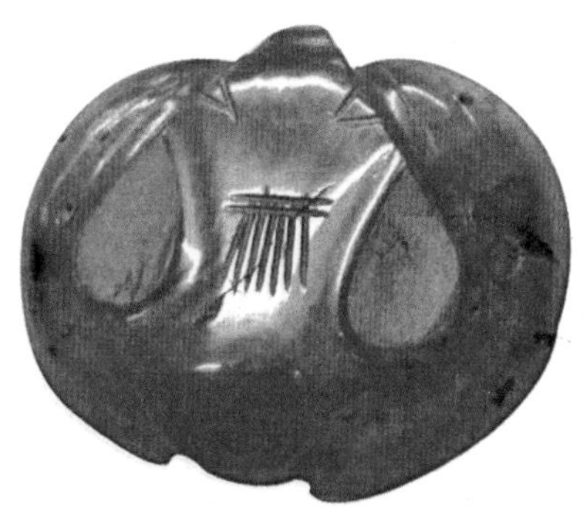

南红玛瑙福羊一对

的色彩纹路，红色向透明逐渐变化之外不会有其他变化（有时候会夹杂一些伴生矿，为青绿色或者黑色）。

质感

南红是胶质感的，就算全红的珠子也并不是完全透光的，我们可以看到南红的色彩由内到外是通透的。反之，就算无色的珠子也有种朦胧的感觉，这种质感是无法作假的，除非老料新工，假南红基本都是作纯红的。

风化纹

老玉髓或玛瑙珠的外表上都会有半月形的风化纹，这种纹路主要是长时间使用的原因，天珠和其他贵重价值的老珠已经出现新仿的敲打制成的风化纹，但是可明显看出和表面粉及水发酵制成的浆不符，而且巨细统一、呆板，纹路深处无光泽。但这里注意，暂时没发现大批量产的染色南红制有风化纹，大部分是直接高温烧色时候作出的玛瑙表面的裂痕。

打孔以及孔内

南红玛瑙的打孔很独特，可能为大料先双面打孔再出珠（孔不会很小），在经太长时间的使用后，孔内被磨损得十分光滑。

成品形制与包浆

南红料小，颜色均匀的体积会更小，所以凡大点儿的都会做摆件，小

南红玛瑙雕件

的用来做挂件或珠子等。除了挂件，常见的有正圆珠、鼓形珠、桶形珠、橄榄形勒子、车轮珠、算盘珠、瓜珠、隔片、水滴形珠（坠子），多为圆形珠，也有根据料块所做的各种雕件。

南红玛瑙雕件

其他种类

1. 印花布玛瑙

印花布玛瑙主要是由髓石和少量贝壳组成的岩石，其组成的图案很像印花布。颜色有浅灰色、白色，硬度为 6 ~ 7，是一种新的装饰用宝石（彩石），是由玉髓或二氧化硅的其他亚种交代生物沉积石灰岩形成的。哈萨克斯坦为其著名产地。

2. 碧玉玛瑙

碧玉玛瑙是具有透明玉髓纹理的碧玉，条带明显的则称碧玉缟玛瑙。

3. 花边玛瑙

花边玛瑙是以玉髓和石英晶簇为相交替层的浅色玛瑙。

4. 蛋白石玛瑙

其条带由蛋白石和玉髓相间组成。

5. 雨花石

我国南京所产雨花石按其主要矿物成分可分为石英质雨花石、燧石质雨花石、蛋白质雨花石、碧玉质雨花石、玛瑙质雨花石。市场上的雨花石工艺品多以玛瑙质雨花石为原料。玛瑙质雨花石于清水中，色泽花纹倍加艳丽，这是水充填了玛瑙的孔隙，水和

雨花石

合成玛瑙地球仪

合成玛瑙手串

雨花石的折射率不同导致细而弯曲的条纹产生内反射的结果，具有很高的观赏价值。

6. 合成玛瑙

近年来市面上经常能见到一些无色合成玛瑙，因晶核跟合成晶都是无色，加之在晶核中有一些天然包体特征或在晶核与合成晶之间的一些气泡，使一些没有经验的人很容易误认为是天然玛瑙。有些气泡呈蝌蚪状，头多向壁尾向外排列。天然玛瑙中也常有沿一个面排列的群包体出现，但这个面常是单一的、有起伏变化的，并且组成该面的包体在宝石显微镜下会发现多为二相包裹体，而不只是气泡。

合成玛瑙尤其是彩色合成玛瑙的第二个特点是颜色均一。整串项链颜色较均一，尤其是黄色玛瑙系列及茶色、黑色的合成晶。而天然的黄色和茶色、黑色玛瑙色常不均一。天然玛瑙不仅色不均一，而且常常带有茶色调（除茶色玛瑙外），更有趣的是，在晚上白炽灯下，茶黄色玛瑙不带一点黄色，完全像茶色玛瑙，若和茶色玛瑙混在一起则不好辨认。

合成玛瑙的第三个特点是净洁无瑕。天然玛瑙中常有包裹体和绵，而合成玛瑙晶莹剔透。个别合成玛瑙有气泡或一些固体杂质。一些合成玛瑙内常有一些三角形长管状气孔，在这些气孔中有绿色或红色粉状物。这种长管的特点是沿一个方向平行排列，断面为三角形，内常有不均匀的绿色或红色粉状物沿壁分布，中间往往是空的。

玛瑙的特点

玛瑙的基本特征

透明度：以半透明为主，也有微透明的。

硬度：6.5~7（摩氏硬度）。

光泽：玻璃光泽，抛光面有强反应，无特殊光泽。

颜色：玛瑙的颜色表现最丰富，是很有特点的玉石。常见和应用的是红色，其他还有蓝、绿、黑、紫、灰、白等色，在一块玛瑙中出现多种颜色，以红、白二色最多。有多种颜色的玛瑙，色别、色度、色调、色形差别大，可说是形态各异。

玛瑙是二氧化硅的隐晶质玉石，显微镜下为细小的棉絮状，外观质地

玛瑙原石

玛瑙原石

清代　玛瑙路荷水盂

非常细腻。玛瑙没有解理现象，有裂纹。裂纹有的轻微，有的严重，呈破碎纹、包裹纹、断裂纹、炸裂纹、炸心纹等形式出现，有后三种裂纹的一般不被利用。

玛瑙像晶石一样性脆，容易打出断口，呈半贝壳状、贝壳状。认真观察，断口有微弱变化，尤其是细腻的玛瑙，断口很接近贝壳状；质地略粗一些，断口微有丝片痕迹，而且有方向性，方向找到了，易打出断口。

玛瑙的纹理变化很大，多数呈心圆状，也有冰凌纹状的。在玛瑙的外皮和心部常见石英晶体，有的开成孔洞，包裹有水。

结构特点

玛瑙是火山期后富含大量二氧化硅的碱性热液上升到表面而形成的矿物。在二氧化硅含水的情况下，有条件生成晶体时，二氧化硅呈晶体出现，常常在玛瑙的外层或内层形成晶体层，余下的水液跑不出去，被封闭在玛瑙的中心空洞部位，成为水胆玛瑙。

玛瑙的中心可出现空洞和晶体，也可不出现空洞和晶体。如果出现晶体和空洞，一定是玛瑙同心圆纹理的最内层。晶体向内心发育，呈晶面显著的晶簇状态，紫色、无色、透明或半透明。封闭在中间的水胆能通过晶体的透明显示出来。

玛瑙生长时，外界条件的变化、热液的成分，使玛瑙的结构也发生变化，有层带的，有均质的，有隐现冰凌的，有实心的。这些变化表现了产地不同的特点，根据这些特点来分辨玛瑙的优劣是很重要的。

玛瑙虽然坚硬锋利，但内部仍有小的孔隙，这种孔隙造成能渗入液体的条件。各地玛瑙结构特点不同，孔隙大小不同，渗入液体有难有易。同一块玛瑙各层带间的孔隙也有不同，渗入液体也有差异。产生这种现象，是因为在玛瑙形成时，外界条件的变化而造成的。外界条件变化大，热液浓度高，二氧化硅急速冷却，形成粗质地玛瑙；外界条件变化慢，热液浓度低，二氧化硅慢速冷却，形成细腻玛瑙。

玛瑙形成地下岩浆由于地壳的变动喷出，在冷却时气体形成气泡，这

黄玛瑙原石籽料

天然白玛瑙原石纹理吊坠

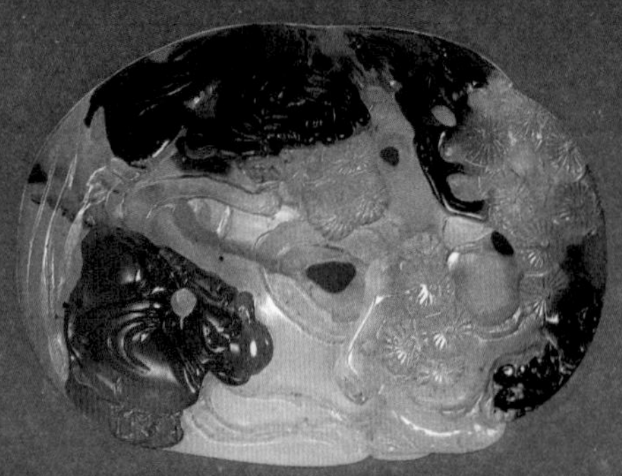

清代 玛瑙巧雕松下高士牌

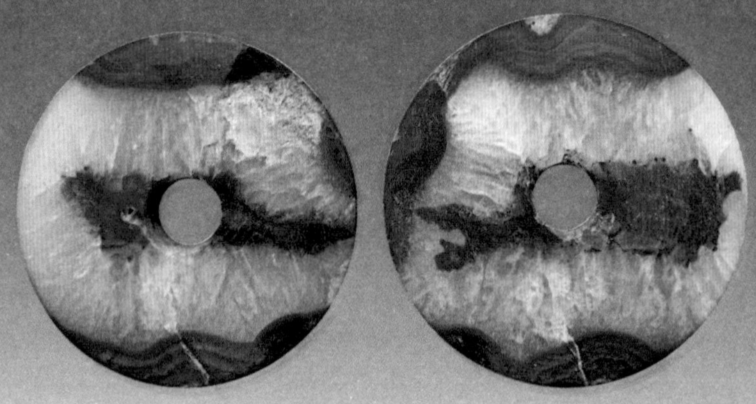

红山玛瑙璧

些气泡就是岩石内的空洞，经过地质变化后，里面被二氧化硅等灌注，形成玛瑙石，由于里面含的成分不同颜色就不同，色彩也有层次，有不透明或半透明的。根据纯度不同会体现不同特征，比如呈同心环状、云雾状、条带状或树枝状分布，以灰色、白色、棕色和红棕色最为常见，蓝色、黑色及其他颜色也有。其物理性质主要是二氧化硅的性质，条痕白色或近白色。蜡样光泽，半透明至透明，断口呈贝壳状，硬度为 6.5 ~ 7（小刀的硬度大概在 5.5）。至于与水晶的区别，水晶应该是单晶体的，玛瑙属于多晶集合体，而且玛瑙的透明度应该弱于水晶。产量比较多，在价值上应该不是比较贵重，较为常见。作为装饰品虽比较普通，但还算美观。

玛瑙的加工

漂是古玩行里的一种俗称，顾名思义，就是指玉雕作品胎薄如纸，将之置于水面能漂浮在水上。

一块玛瑙原石是没有多少观赏价值的，但是雕刻成作品之后往往都会变成难得的精品，一些上好的作品更是价值不菲。一件玛瑙雕刻作品的形成要经过原料选取、观察构思、确定主题、打样去皮、设计定型、精雕细琢、研磨抛光、配座包装等工序。玛瑙雕刻一般由两种方式完成：一种是根据原料设计作品，另一种是根据事先的要求精选原料。前者是大多数阜新人采取的方式，后者的加工需要合适的原材料和高超的雕刻技法。

挑选玛瑙原料一般多选取纹理清晰、形状奇特、颜色丰富、无杂质、

清代　鼻烟壶

清代　宫廷内画玛瑙鼻烟壶

没有裂纹、通透性好的玛瑙料。不过在实际挑选过程中，能全面达到标准的并不多见，甚至可以说能遇到这样的精品材料是非常难得的。如果材料有缺陷，那么就需要加工者独具慧眼，巧妙构思，运用创作手法，去除瑕疵，遮盖弊点，使作品更加完美。下面就具体做法作一简单介绍。

首先，要对一块玛瑙原料进行认真观察。先取清水润湿原材料，观其颜色，勾勒出设计作品的大致，然后利用切割机、去皮机打去外皮，设计师根据玛瑙的颜色和形状敲定题材，题材有人物、动植物等。

其次，用雕刻机和切割机对坯料推层次、做大形。一件雕刻作品若是山水摆件就需要有层次，如果是圆雕作品可以不考虑层次感问题。在做大

玛瑙香炉

天然红玛瑙貔貅情侣挂件

玛瑙巧作人物纹烟壶

形的过程中，主题突出要定位，一般在第一层按照颜色和需要的深度进行确定，把多余的玛瑙料部分去掉。然后在第二层安排作者构思的具体内容，用第二层来烘托第一层，采取远距离和近距离分别细致观察，精细设计内容，要使作品远近结合、浑然一体、层次感强烈。确定后着手研究第三层及第四层、第五层等。层次感越多，越需要细腻，这样才能更好地体现作品的精美，才具有更高的艺术价值。

再次，开始由雕刻师精雕细琢。在收细的过程中要注意以下几点：

1. 要以第一层次为主题，去掉多余的玛瑙肉，完美地去进行下一层次。

2. 要根据玛瑙矿石的特点，脆、软、小、薄、细的地方要后处理，先处理面积大、有硬度、不怕修改的地方，对容易损坏的地方要精益求精，不能影响作品的完美程度和完整性。

3. 有时候根据玛瑙料质的需要应该从后面制作，根据后面背景的衬托，突出前面的设计内容，要前后照应。不能出现前后反差过于突兀，造成艺术性缺失。否则作品可能会失去应有的价值。

4. 在雕刻的过程中，要把雕刻和抛光结合在一起进行。雕刻的时候要考虑抛光的技术要求，在雕刻细微的地方时，为使作品的完整性得到保障，要先进行抛光。要避免因为雕刻的细腻引起玛瑙作品的材质附着污染物，防止出现锈渍或者水垢。

进入作品完成的后期，要进行全面抛光处理。在抛光的过程中，技师必须注意作品的艺术性，要充分体现作品的题材、艺术价值和内涵，要有针对性地抛光。技师在加工的过程中要明暗结合，光度要配合雕刻主题的需要，力求所有的细微雕刻体现完整，广度雕刻一目了然，别致奇雅，浑然一体。

在一件雕刻作品完成后，为了体现作品的价值和应用的需要，要进行完美的包装。一件好的作品，包装的艺术性非常关键地反映其价值。首先要配好座，选用什么材质、题材、款式的座能体现其作品的完整性，也是一项具有艺术挑战性的工作，这是玛瑙作品出炉前的升华阶段。包装盒、运输要求、包装袋等都是玛瑙作品雕刻过程中需要充分考虑的一部分。

以上是对玛瑙雕刻过程的简单介绍，每一件精美作品的产生需要不同的生产构思、不同的艺术再现，这是每个玛瑙从业者必须认真研究的课题。

玛瑙原石

清代　玛瑙水盂

清代　玛瑙巧色灵芝水盂

清代　玛瑙朝珠

玛瑙镶白铜佩

玛瑙是天然矿石，应该说上千年的中华文明赋予了玛瑙通体的灵气，这需要更多的玛瑙设计者、加工者更深度地挖掘，也给广大玛瑙爱好者充分的想象空间。

清代　玛瑙摆件

玛瑙的功效

1. 在西方魔法里，人们把自己的愿望写在一张纸上，折叠包妥，静心冥想过后，再放入玛瑙聚宝盆内，至少要放一天一夜，让能量在其中激荡强化，取出后，将之火化烧掉，借助火的力量，将愿望传入自然界，能心想事成。

2. 将适量的玛瑙放在枕头下，有利于安稳睡眠，并带来夜夜好梦。

3. 玛瑙可以为一些水晶饰品消磁充电，如戒指、耳环、手链、坠子等，但请用纸或布包住，以免被刮伤。

4. 读书的小孩多接触带水玛瑙，可以感染水的特性，使之聪明、灵活、乖巧、学习力强、适应力佳。

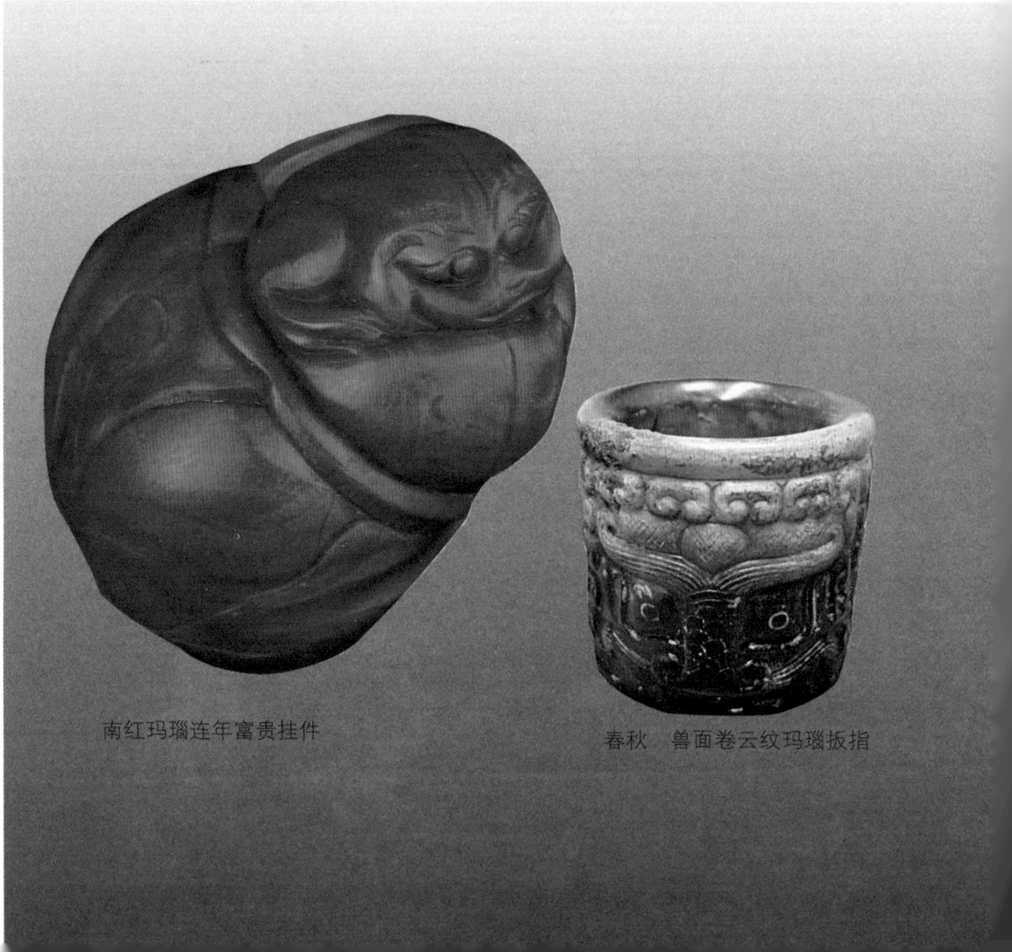

南红玛瑙连年富贵挂件

春秋　兽面卷云纹玛瑙扳指

南红玛瑙渔翁得利挂坠

带原皮南红玛瑙原石老勒子把件

5. 玛瑙是佛教七宝之一，自古以来一直被当作辟邪物、护身符使用，象征友善的爱心和希望，有助于消除压力、疲劳、浊气等负性能量。

6. 戴着带水玛瑙，可以强化亲和力，灵活应变各种突发现象，左右逢源，有助于推广业务、提高业绩、财源旺盛。

7. 夏天佩戴玛瑙不仅使佩戴者时尚、漂亮，而且具有降温、防止中暑等作用。

8. 夫妻房中摆放或者戴龙泽玛瑙可以让夫妻的情感得到升华。

另外，对于女性，长期佩戴玛瑙可以使心情开朗、皮肤润滑，增强血液循环，还能让嘴唇变得更加红润，眼珠明亮有神。

不同种类的玛瑙对人体的功效也是不同的，下面我们就来分别看看各种玛瑙对人的不同作用。

黑玛瑙手串

黑玛瑙佛珠项链

1. 龙泽玛瑙与其他玛瑙不同，据说可以防止风寒、感冒及冻伤，所以要找到一块稍大一点的龙泽玛瑙并不是什么容易的事情，价格自然不菲。据说身上经常发热、发烫，包括手汗、手热者，可以长期接触龙泽玛瑙来改善症状。

2. 红玛瑙是最具疗效的宝石之一，消除精神紧张及压力，维持身体及心灵和谐，同时也具有激发勇气、使人果敢、增强信心的功效，适合体弱多病或刚痊愈的人佩戴。

3. 黑玛瑙可使人客观超然，远小人近贵人，不致在复杂的环境中迷失方向，增加人的自信心，避免恐惧不安，可防止咒语巫术等负面能量侵犯，可消除浊气、霉气、病气，带给人健康。黄金或者白金镶黑玛瑙饰品，粗犷中体味细腻，品位中展现个性，纯正的白金材质同黑玛瑙的颜色对比，将贵金属的质感表露无遗，全力引发有关珠宝的魅力狂想。黑玛瑙象征坚毅，传说运用黑玛瑙的能量，可去除气场上的杂质，继而有效启发其自身的魅力，佩戴黑玛瑙的人未必拥有过人的智慧与美貌，未必拥有天然的好人缘与亲和力，但其性格中与生俱来的“棱角”却是一种足以致命的诱惑。黑色具有庄重、高贵、经典、稳定、时尚、魅力、神秘，代表的是含蓄、内敛与低调的特质。黑色也是一种强烈的声音，凝聚着强大的力量，让任何人都无法抗拒。黑玛瑙具有强大的投射能量，其黑色的作用除了可以吸附负能量外，也可因为其光滑的镜面而将负能量反射回去。

玛瑙原石

Agate

第二章 慧眼识宝——玛瑙的鉴赏

玛瑙的成品及选购

玛瑙首饰

戒指

戒指是一种戴在手指上的装饰珠宝。男女都可佩戴戒指，戒指常被认为是爱情的信物。戴左手的无名指上的戒指被认为是结婚戒指。结婚戒指戴在右手无名指的国家和地域越来越少了。而在很多地区戴在左手食指上被认为是求爱，中指则表示热恋中，小拇指表示不恋爱或终身单身。在古罗马，戒指作为印章，是权力的象征。

近年来，越来越多的女性开始在手上佩戴玛瑙戒指，玛瑙戒指显得大方美丽，因此受到了广大女性的喜爱。可你知道什么样的玛瑙戒指才是最适合自己的吗?

18k 金镶嵌玛瑙戒指

925 银玛瑙戒指

说到佩戴玛瑙戒指，其实和佩戴普通戒指是一样的，手指较短的女性不宜选戴宽边戒指，否则会将手指的长度“淹没”。手指短而扁平的女性最好选戴蛋形戒面的戒指，可以增加手指的细长感。手指较长的女性不宜选戴窄边戒指，否则显得不起眼。

18k 金南红玛瑙戒指

手指比较纤细的女性则不是

925 银玛瑙戒指

男士精钢玛瑙戒指

很适合戴玛瑙戒指，她们比较适合戴钻戒或者玉石戒指，还有一些较大的珠宝戒指。

而皮肤较黑、手指长且较粗的

老红玛瑙戒指

925 银镶绿玛瑙戒指

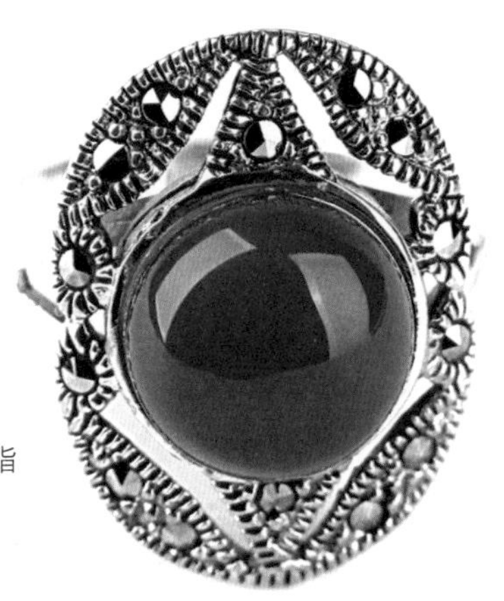

绿玛瑙戒指

925 银复古绿玛瑙戒指

女性也不适合戴玛瑙戒指或小花型的绿玉戒指。老年女性不宜戴纤巧的戒指，戴金戒指、翡翠戒或玛瑙戒指，会显得富态慈祥。

银色玛瑙石镶钻戒指

12 星座应佩戴的戒指

白羊座（03/21—04/20）——适宜戴紫水晶或紫红碧玺戒指。

金牛座（04/21—05/20）——适宜戴祖母绿戒指，以方形为最好。

双子座（05/21—06/20）——适宜戴蜜蜡戒指。

巨蟹座（06/21—07/22）——适合戴翠玉戒指。

狮子座（07/23—08/22）——适合戴红宝石、红蜜蜡、血珀或红石榴石戒指。

处女座（08/23—09/22）——适合戴玉髓戒指。

天秤座（09/23—10/22）——适宜戴钻石戒指，古典款式更佳。

天蝎座（10/23—11/22）——适宜戴黄玉戒指。

射手座（11/23—12/22）——适合戴绿松石或珍珠戒指。

摩羯座（12/23—01/20）——适合戴玛瑙或琥珀戒指。

水瓶座（01/21—02/19）——适宜戴蓝宝石或淡蓝钻石戒指。

双鱼座（02/20—03/20）——适宜戴珊瑚或粉红钻石戒指。

Agate

手镯（手串）

手镯（手串）是套在手腕上的一种环形饰品，其作用大体有三个方面：一是显示身份，突出个性；二是美化手臂；三是保健身体。手镯在古代有很多的称谓，“跳脱”就是其中一种，宋计有功所著的《唐诗纪事》中有个故事，唐文宗有一天考问群臣：“古诗里有‘轻衫衬跳脱’句，你们有谁知道‘跳脱’是什么东西？”大家都答不上来。文宗告诉他们：“跳脱即今之腕钏也。”古代的文学作品中，常见女子以手镯相赠恋人的情节。梁陶弘景在《真诰》中记述了仙女萼绿华曾赠羊权金和玉的跳脱。蒲松龄《聊斋志异·白于玉》中写书生吴生偶入仙境与一个紫衣仙女欢好，临别时，仙女把自己所戴金腕钏送给吴生留念。

清代　老玛瑙手串

天然玛瑙手镯

现在，手镯作为信物的功能越来越淡了，戴着手镯的姑娘，可能已经不知道古代女性腕上的玉镯常常背负着盟誓的重托了，但它仍然是女孩子手腕上最美的风景线，古典与现代在不经意间暗暗地联系在一起。

天然红玛瑙手镯

天然绿玛瑙手镯

梦幻绿玛瑙手镯

玛瑙手镯

绿色苔藓玛瑙手镯

和耳环、项链、戒指一样，手镯作为一种首饰，被人们作为服装的配套装饰，作为艺术品来修饰自己，作为个人风格、爱好的一种装扮手段，正在被越来越多的人所接受并运用。手镯的佩戴，其审美功能往往是第一位的。

玛瑙手镯

天然白玛瑙手镯

天然黑玛瑙手镯

现在的手镯是作为手臂的装饰物，但手镯最初的出现并非完全是出自于爱美，而是与图腾崇拜、巫术礼仪有关。同时，也有史学家认为，由于过去男性在经济生活中占有绝对的统治地位，使得戒指、手镯等饰物有了一种隐喻拴住妇女、不让其逃跑的蛮夷习俗。这种隐喻性在相当长的一段时间里一直存在着。

清代　玛瑙手镯

清代　老南红玛瑙手串

天然龙纹玛瑙手串

天然黑玛瑙手串

佩戴技巧

一般早晨时戴手镯比较容易，到了中午由于人的血管的膨胀，手镯反而不容易戴上。戴手镯也颇有讲究，不是想怎么戴就怎么戴，违反约定俗成的规矩会让人贻笑大方。

戴手镯时，对手镯的个数没有严格限制，可以戴一只，也可以戴两只、三只，甚至更多。如果只戴一只，应戴在左手而不应是在右手上；如果戴两只，则可以左右手各戴一只，或都戴在左手上；如果戴三只，就应都戴在左手上，不可以一手戴一只，另一手戴两只。戴三只以上手镯的情况比较少见，即使要戴也都应戴在左手上，以造成强烈的不平衡感，达到标新立异、不同凡响的效果。不过在此应当指出，这种不平衡应通过与所穿服装的搭配来求得和谐，否则会因标新立异而破坏了手镯的装饰美。如果戴手镯又戴戒指时，则应当考虑两者在式样、质料、颜色等方面的协调与统一。

天然红玛瑙貔貅手串

老玛瑙手串

对初戴手镯者，还应注意选择手镯内径的大小，过小则会因紧贴腕部引起皮肤不舒适之感，甚至影响血液流通；过大则容易在手摆动过程中脱落而摔坏。对于玛瑙质的手镯，试戴时宜在腕部下方垫上软物（如软垫之类），以免滑落坠地而摔断。

蓝色玛瑙耳饰

玛瑙耳饰

耳饰是戴在耳朵上的饰品，古代又称珥。虽然耳饰的体积很小，单独看上去并不起眼，但是当耳饰佩戴在耳垂上之后，旁人关注的第一焦点往往就是人的脸部和耳部。所以，耳饰能够帮助佩戴者吸引周围人的目光，能够起到整体协调和修饰脸部的效果。

925 银玛瑙耳饰

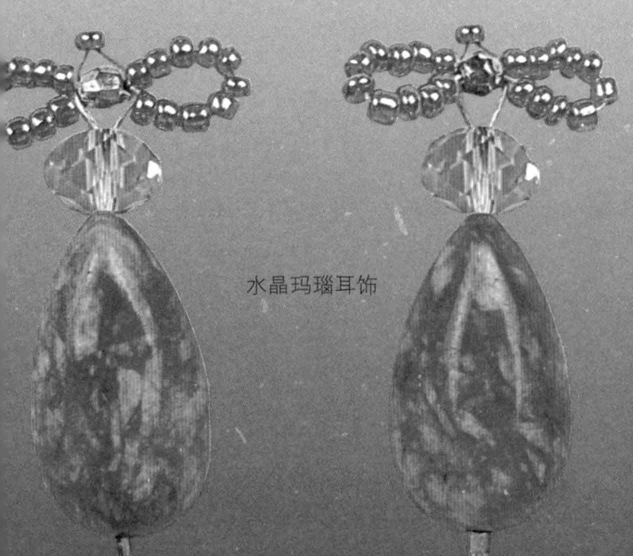
水晶玛瑙耳饰

耳饰还有其他奇特的功效。古代最初出现耳饰的时候，人们是为了通过佩戴耳饰辟邪驱魔，保佑平安。

复古绿玛瑙耳饰

清代　银烧蓝玛瑙耳环

白色玛瑙 18K 玫瑰金耳坠

925 银镶红玛瑙耳坠

复古千彩玛瑙耳饰

佩戴技巧

1. 脸庞偏大的女士不宜用圆耳饰，最好佩戴较大的耳饰或是三角形、水滴形上小下大的耳饰，可以减小脸颊的宽阔感，视觉上起到拉长脸型的作用。

2. 方形脸的女士需要对脸部线条进行视觉上的柔和处理。适宜选择花形、心形、椭圆形的耳饰，可以很好地缓和并修饰脸部棱角，减少脸部线条比较明显的缺憾。

3. 长脸的女士最好选用密贴耳朵的圆形耳饰，减少纵向延展感。像纽扣型的耳饰、

红玛瑙镀双色“心匙”耳坠

黑玛瑙花朵耳饰

耳钉都是不错的选择。

4. 心形脸（就是下巴比较尖的脸型）的女性适合选戴圆圈、圆边等款式的耳饰。

5. 瓜子脸的女性可以选择那种下端宽、上端窄的耳饰，用来平衡尖下巴的感觉，水滴形、三角形或耳钉都很适合，但是如果是上端宽、下端窄的“倒三角形”还是千万不要尝试！

6. 卵圆形脸是东方妇女传统的标准脸形，几乎什么形状的耳饰都能佩戴，但是还要注意耳饰的大小要与自己的整体感觉相符，与自己的身材、发型及服装配合好才能完美动人。

7. 圆脸形的女性避免佩戴圆耳环，耳环的大小则应与面部的大小成正比。

925 纯银翅膀玛瑙耳钉

镶绿玛瑙桃心耳环

8. 脸色黄者宜佩戴白色耳环；脸色白者选粉色耳环，或镶玛瑙的耳环。

玛瑙饰品与星座

巨蟹座 & 双鱼座专属——清透玛瑙葫芦挂饰

同是水象星座的蟹子和鱼儿，都拥有一颗敏感而善良的心，也许就是因为感知太灵敏，所以总能体会他人不能体会的细节。但是他们的情绪化和心软也会带来很多负面的东西，容易被欺骗并受到不良环境的影响。佩戴清透玛瑙葫芦挂饰，借助它传统的除厄纳福的功效，帮助吸收灾厄之气，让蟹子和鱼儿的浪漫天性自由发挥，不受糟糕因素的困扰。

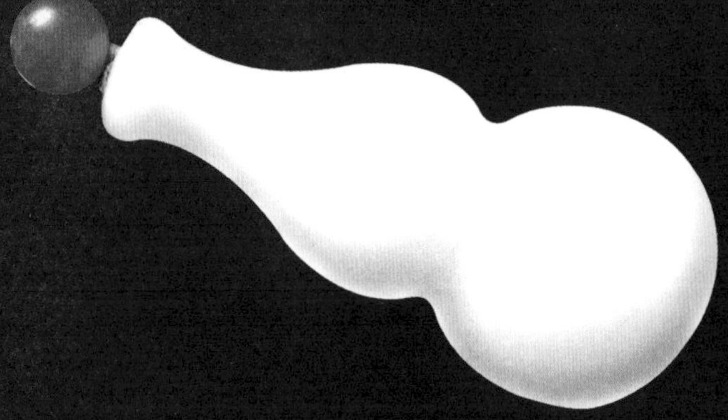

玛瑙葫芦挂饰

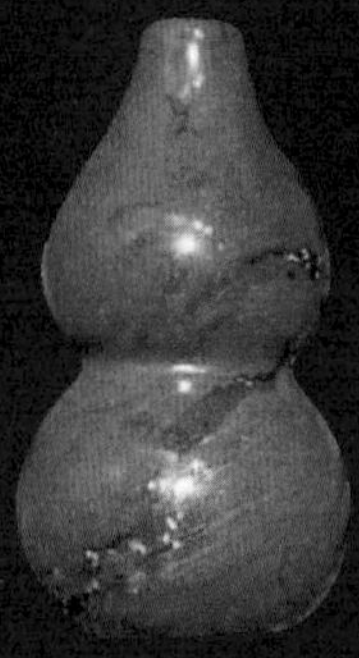

红缟玛瑙葫芦挂饰

红黑玛瑙项链

金牛座专属——星星点点富贵玛瑙项链

凭借金牛座的踏实，他们总是会按部就班地实现自己的目标。勤勤恳恳又耐心超强的牛儿总是会把未来规划好。但是牛儿的顽固也是一般人接受不了的，缺乏变通的灵活会让牛儿钻在角尖里出不来。佩戴富贵玛瑙项链，开通更多灵感来源，为倔强的牛儿打开多角度思维之门。

天然黑白玛瑙手串

狮子座专属——黑白玛瑙珠串

天生有领袖气质的狮子座关键时刻总能体现出他们的果断和果敢，自信的他们敢作敢当。但是自信过了头就是自负，比较以自我为中心，就会忽略其他人的感受和好的建议。佩戴黑白玛瑙珠串，设计上体现平衡和灵动之美，会提醒你常常自省，同时超时尚款型可以最大限度满足狮子的虚荣心。

黑白玛瑙珠串

处女座专属——红玛瑙项链

处女座的观察力着重表现在理性方面，他们做事认真又带点孩子式的天真，这是他们最让人羡慕和喜欢的特质。不过处女座的洁癖和挑剔也是有目共睹的，唠叨起来也是够人受的。所以佩戴红玛瑙项链，显得活泼又俏皮，而且还是让爱情开花结果的好彩头。

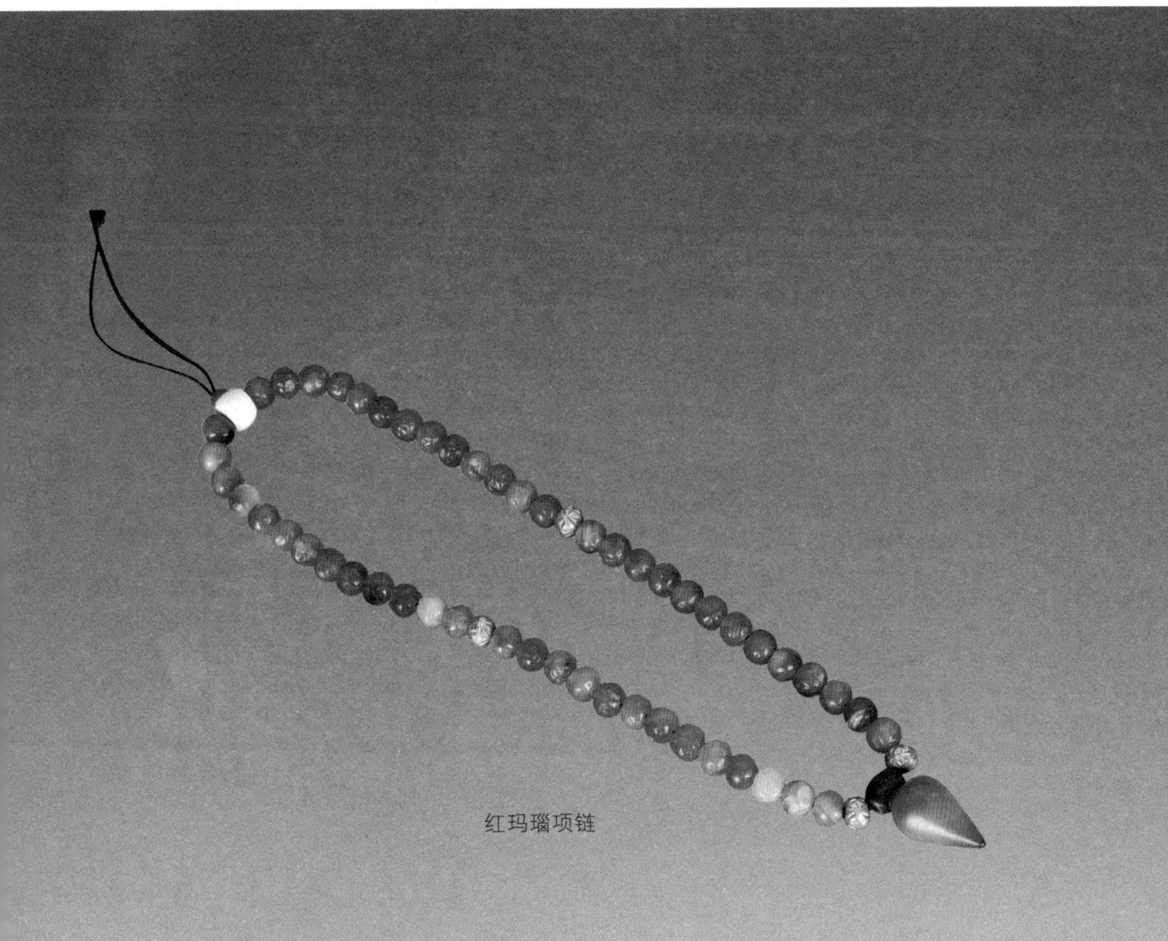

红玛瑙项链

绿玛瑙项链

天秤座专属——绿玛瑙珠链

温和的天秤座始终保持中庸之道，公平客观地看待事物。他们与生俱来的优雅和贵族的气质是无人可以比拟的。不过因为总在衡量，所以难免在优柔寡断、犹豫不决的时候错失很多良机。绿玛瑙是天秤座优雅的代名词，能让天秤舒展身心，开阔视野，不局限于自我的不断衡量之中，果断下决定，从而顺利地投入新环境或新计划中去。

摩羯座专属——貔貅玛瑙挂饰

意志力坚强的摩羯座是出了很多伟人的星座，他们有原则，并且吃苦耐劳，不难看出天道酬勤的道理。但是摩羯座的心思缜密，喜怒不表于形，这多少总是和别人保持着距离感而略显孤独。佩戴这块貔貅玛瑙挂饰，有貔貅庇佑，可以让摩羯座大展宏图，实现目标，红色的玛瑙，更增添人缘，加强沟通能力。

红白玛瑙蝙蝠桃树花插

貔貅红玛瑙挂饰

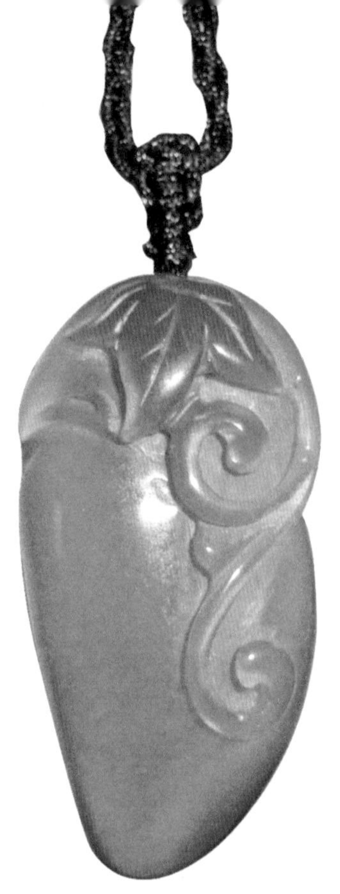

如意玛瑙坠

射手座专属——如意玛瑙坠

天生乐观幽默的射手座是行动力极强的星座，坦率热情的个性也让他们具有极好的人缘。但是射手座偶尔的粗心大意是不容忽略的，太过心直口快也容易得罪无辜的人。佩戴如意玛瑙坠，让射手座有事事如意的福佑，同时帮助射手座常常提醒自己改掉粗心的毛病。

天蝎座专属——黑珠玛瑙饰品

不畏挫折的天蝎座乐于直面困难，而且直觉相当敏锐。他们还是最性感的星座，魅力无法阻挡。不过天蝎座的占有欲极强，报复心重，这往往会种下因果的种子，有失有得，要看开些才好。佩戴黑玛瑙饰品有助于消除天蝎座的负面能量，给予他们确认目标、永不退缩的正面能量。

水瓶座专属——黄玛瑙

求知欲极强的水瓶座是带动科技进步的先锋力

黑玛瑙项链

量，他们迷宫般的头脑里永远都有奇妙的新点子。不过思想太多变化，就很难集中思维做一件事情，在感情方面也容易极冷极热，让人难以琢磨。佩戴黄玛瑙可以让水瓶座在工作与学习中凝聚思想，去除不必要的杂念，增加自信心，敢于接受困难与挑战。

双子座——孔雀玛瑙

活泼乐观的双子座喜爱变化，但是做事常不专心，因为变动多所以很难把事情坚持到底。孔雀玛瑙又称愿望石，有极大的落实力，能帮助愿望达成，让理性又不安分的双子座能够发挥他们性格中的正面力量，让双子座找到自己发挥才能的天地和专业。孔雀玛瑙还有聚财纳富助事业发展的效果。

白羊座——紫玛瑙

风风火火的白羊座绝对是行动的巨人，常常冲动的他们会头脑一热就开始一场革命或是恋情，紫玛瑙本身具有超强的稳定心绪的作用，同时它也是白羊座守护石、健康助运物、人际助运物，对于冲动耿直的白羊座来说，直率是优点，但是没有经过思考就脱口而出的话或是做的决定，却往往是人际关系中最大的地雷。

孔雀玛瑙手串

玛瑙手把件

清代　“麒麟送子”南红玛瑙摆件

玛瑙摆件

所谓摆件，就是摆放在公共区域、桌、柜或者橱里供人欣赏的东西，范围相当广泛。玛瑙摆件的造型有瓶、炉、壶、如意、花瓶、花卉、人物、瑞兽、山水、玉盒、鼎、笔筒、茶具、佛像等。

购买摆件可考虑以下几方面：

1. 根据摆设的位置，选择不同题材的摆件。

2. 根据环境格调，选择不同造型和颜色的摆件。

3. 根据整体搭配，选择大小适中的摆件。

4. 根据场合搭配，选择不同色彩的摆件。

天然玛瑙摆件硕果累累

玛瑙摆件别有洞天

红玛瑙摆件

玛瑙摆件连年有余

天然玛瑙摆件

玛瑙饰品的选购

玛瑙是宝石中较名贵的一种。玛瑙作为饰物，有戒指、项链、手镯、耳环等很多饰品，颜色有红、蓝、绿色等。从风俗上看中国人偏爱红色，欧洲偏爱蓝色，东南亚人偏爱绿色。在玛瑙制品的选购上，首先要看颜色。要选择颜色纯正、鲜艳，色层厚实，条带明显的，其中以红色和蓝色为最佳。其次要看透明度，要选择表面光洁，透明度高，纹饰明晰、

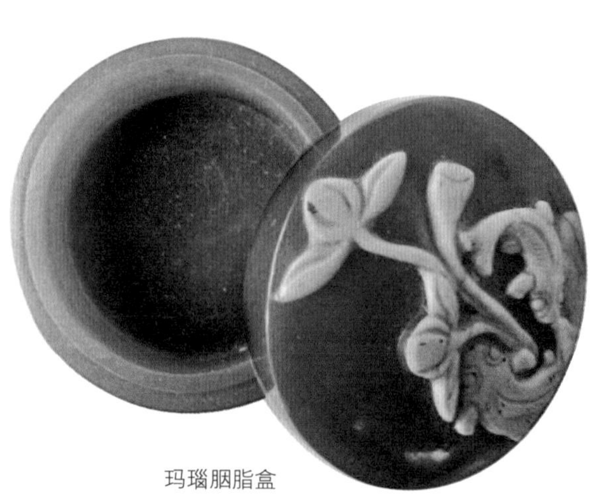
玛瑙胭脂盒

多色玛瑙项链

绿色玛瑙项链

18K 金蜻蜓蝴蝶纹玛瑙胸针

均匀的。还要看玛瑙饰品的质地是否细腻坚韧，选择没有裂纹或者裂纹少的。当然最重要还是看饰品的设计构思和制作工艺，这往往是决定物品价值的关键性因素。

选择玛瑙首饰首先要根据自己的喜爱来选颜色。红色玛瑙首饰最贵重，如选玛瑙项链须注意每粒珠子颜色的深浅要一样，没有杂色，珠子的大小搭配要适当，还应注意光洁度要好。然后，把项链提起来看看是否垂直，每粒珠子是否都垂在一条线上，如果项链出现弯曲，这说明有的珠子的眼儿偏了，加工工艺粗糙。值得一提的是，凡是用石粉凝制的玛瑙都不是上品，没有带状或层纹分布的极有可能是假冒品。尤其是现在市场上“鱼龙混杂”，出现了大量的人工合成玛瑙。虽然在纹理、色泽、外观上跟天然玛瑙没有太大的区别，却没有什么经济价值，这是玛瑙爱好者和收藏者需要分辨的。

玛瑙的真假鉴别

现在的玛瑙市场上充斥着大量的假玛瑙，主要是合成玛瑙，其中有塑料的、玻璃的、石质的等，虽然其色泽度、纹理与天然玛瑙不相上下，却不具有收藏价值。所以爱好者欲收藏或玩赏时，懂得分辨真假玛瑙就很有必要了。主要的鉴别方法有：

花纹和颜色

真玛瑙色泽光亮鲜明，假玛瑙的色和光与真玛瑙相比要差一些，显得单调而呆板，二者对比较为明显。天然玛瑙颜色分明，条带花纹十分明显，而仿制的假玛瑙多数颜色均一、艳丽，给人的感觉总是很假。例如天然红玛瑙颜色分明，条带十分明显，仔细观察，在红色条带处可见密集排列的细小红色斑点。据业内人士告知，用石料仿制的假玛瑙鼻烟壶，多数在底部呈花瓣形花纹，俗称“菊花底”。

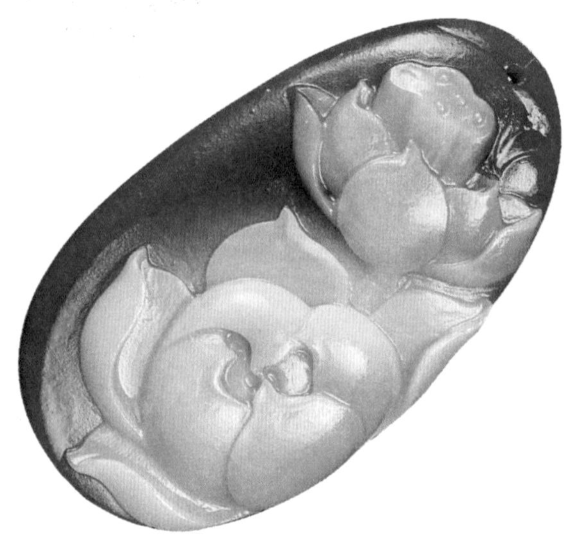

南红玛瑙荷花挂件

质地

真玛瑙质地柔软，假玛瑙多为石料仿制，用玉在假玛瑙上可划出痕迹，而真品则划不出。从表面上看，真玛瑙少有瑕疵，劣质则较多。

透明度

真玛瑙透明度往往都不如人工合成的好，稍有混沌，有的还能看见自然水线或“云彩”，而人工合成的玛瑙透明度好，像玻璃球一样透明。

民国　玛瑙雕仕女摆件

重量

人工合成的玛瑙首饰通常没有真玛瑙首饰重。

温度

真玛瑙冬暖夏凉，而人工合成玛瑙随外界温度而变化，天暖它就变热，天冷它就变凉。

清代　巧色玛瑙摆件

清代　玛瑙雕执扇仕女

玛瑙的优劣鉴别

人们对玛瑙经济价值和质量的评判，通常都是以肉眼识别作为主要手段。虽然现代科学技术发达，玉石鉴定仪器的种类很多，但在交易过程中使用这些仪器还是不太方便，会受到环境的局限。若是判断玛瑙的优劣及经济价值，那仪器就毫无用途了，所以肉眼鉴别始终是一种极其重要的方法。

玛瑙种类繁多，素有“千样玛瑙万种玉”之说，所以鉴别方法也很多，通常以裂纹、透明度、杂质、纹带、颜色、砂心和块重为分级标准，除水胆玛瑙最为珍贵外，一般以搭配和谐的俏色原料为佳品。

通常情况下，玛瑙质量好坏的鉴别和经济价值的评定主要分级如下：

清代　玛瑙大象摆件

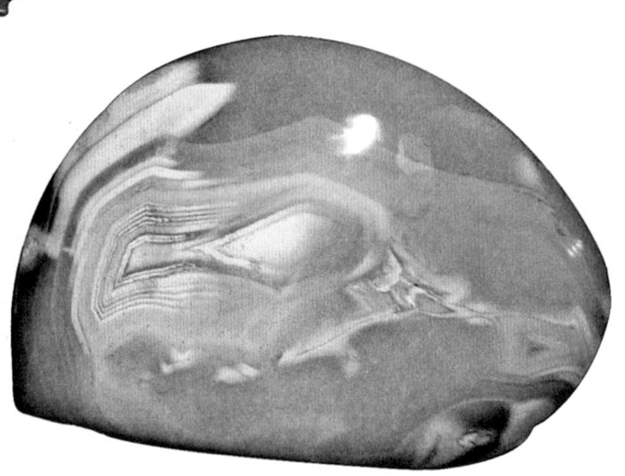

白釉缠丝蓝灰玛瑙摆件

特级

特级玛瑙的纹带非常美丽，且颜色纯正、明快，有蓝、红、紫、粉红等各种颜色。特级玛瑙的透明度好，几乎都是半透明，没有裂纹、无砂心、无杂质，整体的重量都在 5 千克以上。

一级

一级玛瑙的纹带非常美丽，颜色纯正、明快，半透明，透明度较好，无裂纹、无砂心、无杂质，整体的重量在 2 千克 ~5 千克。

二级

二级玛瑙的纹带较美丽，颜色纯正，呈半透明，透明度较好，无裂纹、无砂心、无杂质，整体重量在 0.5 千克 ~2 千克。

三级

三级玛瑙的纹带较美丽，颜色纯正，呈半透明，透明度较好，无裂纹、无砂心、无杂质，整体重量在 0.5 千克以下。

清代　太狮少狮玛瑙摆件

红玉髓玛瑙摆件

Agate

玛瑙和水晶的异同

虽然玛瑙和水晶的化学成分都是二氧化硅，但两者之间是有很大区别的。玛瑙是多晶集合体，在电子显微镜下观看玛瑙是由无数微小的二氧化硅的晶体组成，所以通常玛瑙是半透明的，但水晶是单晶体，一块水晶通常是一个水晶晶体，所以水晶是透明的。

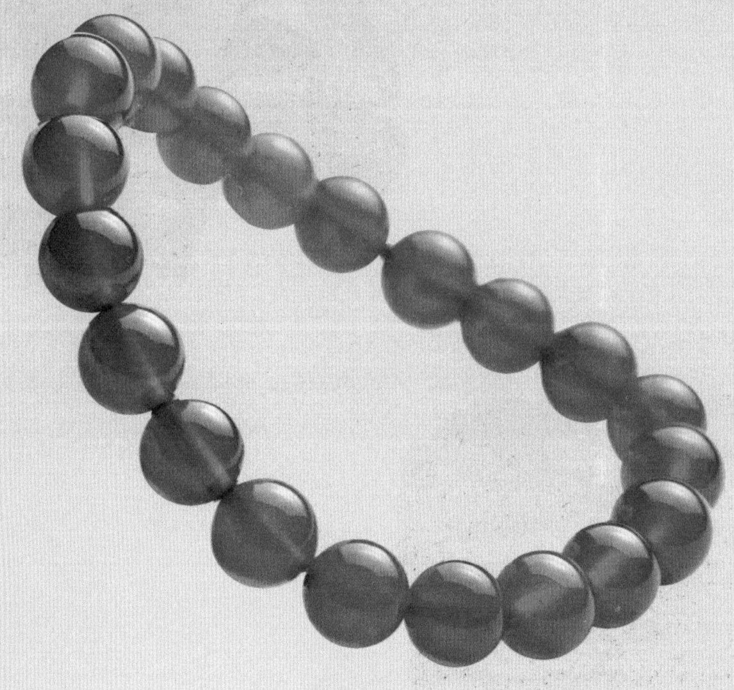

玛瑙手串

第三章 什袭而藏
——玛瑙的收藏与保养

收藏玛瑙的意义

虽然近些年来玛瑙的价格一直都在往下跌，甚至到了跟水晶、孔雀石齐等的位置。不过物极必反，不少精雕细琢的玛瑙器皿近两年屡次在拍卖市场上创造佳绩，例如玛瑙卧鹿形鼻烟壶在佳士得拍卖行拍出了20.7万元，晚清官封玛瑙印在2007年广州春季拍卖会拍出了3.8万元，清乾隆玛瑙巧色虾蟹在北京市拍卖行拍出了15万元……这些玛瑙的精品把玛瑙工艺价值重新带回到了涨停的位置，而且前景无限。

想要投资玛瑙，不需要多高的门槛，但是眼光一定要独到。投资玛瑙最重要的一个问题就是要搞清玛瑙的种类。首先要说明的是，有两种同玛瑙成分完全一样的玉石，一为玉髓，二为碧石，三者很容易混淆。但因它们的经济价值各不相同，所以严加区分还是必要的。一般来说，玛瑙具有纹带构造，玉髓不具备任何形态的纹带构造，而碧石则在矿物成分中混有黏土等矿物杂质。碧石光泽暗淡，透明度差；玛瑙和玉髓则必须在10厘米以上的原料块体上观察才能加以区分。从投资角度来看，碧石同样有若干品种，却远不如玉髓和玛瑙值钱。

玛瑙项链

世界著名的玛瑙产地有巴西、印度、俄罗斯、乌拉圭等国，我国则见于辽宁、内蒙古、黑龙江、湖北十数省区，品种多样、分布广泛、色彩缤纷。常见的白玛瑙、灰玛瑙，价格低廉，适宜制作旅游纪念品；中国从古代开始便认为红玛瑙是较为正宗的，西汉以前称玛瑙为“赤玉”或“赤琼”就是取“赤红”之意。《拾遗记》中列举前人的说法，认为玛瑙是“恶鬼之血，凝成此物”，我们现在看来自然是很荒诞的，但古人以人血色比玉色还是非常形象的，所以古玩行中又有“玛瑙无红一世穷”的说法。而黑玛瑙、蓝玛瑙、绿玛瑙则非常少见，从投资获利上讲理应属于“绩优股”，只是市场上的假货比真货多罢了。除此之外，按照纹带构造还可将玛瑙划分为带状玛瑙和缠丝玛瑙；按照质地又可分为闪光玛瑙、苔藓玛瑙等。所谓闪光玛瑙，指的是由于光线的照射，使玛瑙条纹相互干扰，出现明暗变化，抛光后更容易发现，当入射光线照射角度变化时，其暗色影纹亦发生变化，十分美观并且有趣。南京雨花台所产的雨花石中都发现过这一品种的玛瑙，但非常稀少。新疆产的火玛瑙堪称此类玛瑙中的经典，这种玛瑙其结构呈层状，层与层之间有薄层包裹物质，如氧化铁的薄片状矿物晶体，当光照射时，产生薄膜干涉现象，会闪出火红色的晕彩，故称其为火玛瑙。

古书中所记载的水胆玛瑙属于异常珍贵的品种，目前在市场上还能见到。《竹叶亭杂记》中曾记载："工人掘地得一石（水胆玛瑙），碎之不出。

玛瑙手镯

厂官闻之，急令往取水，已散地无余。天生异宝，每误弃于无知者之手亦何可恨！”前文中已经简单提到了水胆玛瑙的形成，其实所谓的水胆玛瑙，就是玛瑙中有封闭的空洞，其中含有水或水溶液，摇晃时汩汩有声。以“胆大水多”为上品。透明度高且无裂纹和瑕疵的水胆玛瑙，是极好的玉雕材料。天然水胆玛瑙尤其是质量好的极为稀少，因而其工艺品才成了稀世之珍，投资价值极高。

玛瑙戒指

玛瑙摆件

此外，李时珍的《本草纲目》还将玛瑙增加“截子玛瑙”“柏枝玛瑙”“夹胎玛瑙”“锦江玛瑙”等若干品种，如数家珍，更是增添了玛瑙的医疗价值。比如缠丝玛瑙可治疗心灵创伤；绿色苔藓玛瑙由于对神经系统失调、身体虚弱和心脏病有特殊疗效，因此古人把它奉若神明；水胆玛瑙是最具疗效的宝石之一，在紧急情况下，可放在身体任何部位，平衡正负能量，对阴极的男性和阳极的女性均有平衡作用，可以消除紧张、亢奋和任何持续的压力。这些说法未必科学，我们姑妄言之，姑妄听之。

总而言之，从投资材质的角度来讲，玛瑙中以水胆玛瑙最珍贵，特殊而稀少颜色的如蓝色、紫色、绿色的玛瑙紧随其后，具特殊光学效应的闪光玛瑙和火玛瑙也较稀少，比较珍贵。搭配和谐、色彩鲜艳的多色玛瑙也是佳品，它是制作俏色玉雕的上好玉料。所谓“俏色”，是指作品颜色利用得巧，“俏”的意境达到极致，则称为“绝”。

至于玛瑙的雕刻工艺，归根结底就是一句话——最大限度地突出材质本身的优势就是好工。例如想要突出条带纹者，以强调纹带越细密、越清晰的做工越珍贵；想要突出颜色者，以突出蓝色、紫色、绿色且色正者的做工最珍贵；想要突出之图案者，则以既有意境又巧用形似者的做工最宝贵；

清代　红玛瑙戒面

天然黄玛瑙戒指

玛瑙葫芦貔貅摆件

想突出特殊光学效应者，则以凸显其特有的光学效应越明显、越强烈者的做工越珍贵；想要突出水胆者，则以展现其“胆大水多”者的做工最为珍贵。而所有品种，都要求尽量少有裂纹。无裂纹最好，即便有，也应短、浅、少，不影响应用。

工艺不在多，在于巧。所琢玛瑙不求光彩夺目，只愿温润可人。由此可见，中国迷恋玉石的情结与西方人奉钻石为尊的观念，迥然而相悖也。

收藏玛瑙的要素

10年前，一颗老玛瑙珠售价仅为30元，近两年已经上升至200元，而老玛瑙的价格更是进一步走高，现中档老玛瑙珠已突破500元一颗，而高品质西瓜老玛瑙珠每颗售价则达到千元左右。如果是精品老玛瑙器件，那价格就更高了。那么收藏玛瑙有什么要素呢?

从色泽上看

通常来说，上好的天然玛瑙有着玻璃光泽，而且天然玛瑙的图案色泽明快艳丽，光洁细润，自然纯正;纹理自然流畅，最主要的是玛瑙上有渐变色，其层次感强，颜色分明，条带明显。而品质一般的玛瑙的光泽和色彩都要差一些。通常玛瑙的颜色决定了它的升值潜力。各种级别的玛瑙，都以蓝、红、紫、粉红为最好，颜色要透亮，且应该无砂心、无杂质、无裂纹。

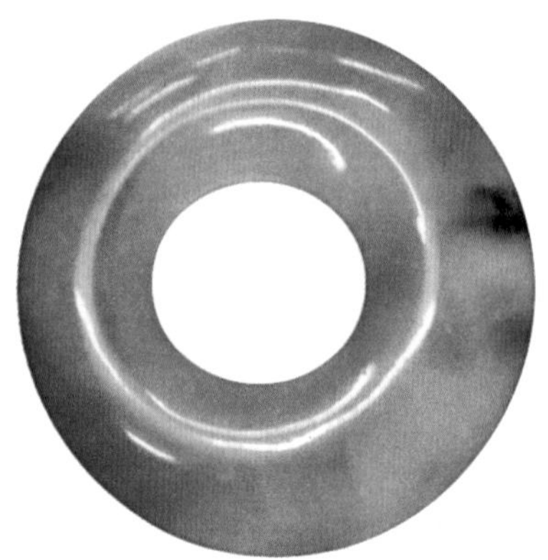

清代　玛瑙玉佩

从制作工艺上看

天然玛瑙石质地坚硬、润滑、凝重，因此它的雕刻比起玉石雕刻更费工夫。一般来说，经过能工巧匠精雕细琢而成的玛瑙是具有较高收藏价值的，而玛瑙石越薄，雕刻起来的难度也就越高。要是在市场上看见雕工十分精细的明清玛瑙，那么就必须要小心是现代仿品了。因为以明清的雕刻工艺来说，中间所打的线孔是不可能很平滑的，一般都歪歪扭扭，呈倒喇叭形。如果你看到一通到底很平滑的线孔，基本可判定是假货或者是仿制品。

三狮戏球玛瑙摆件

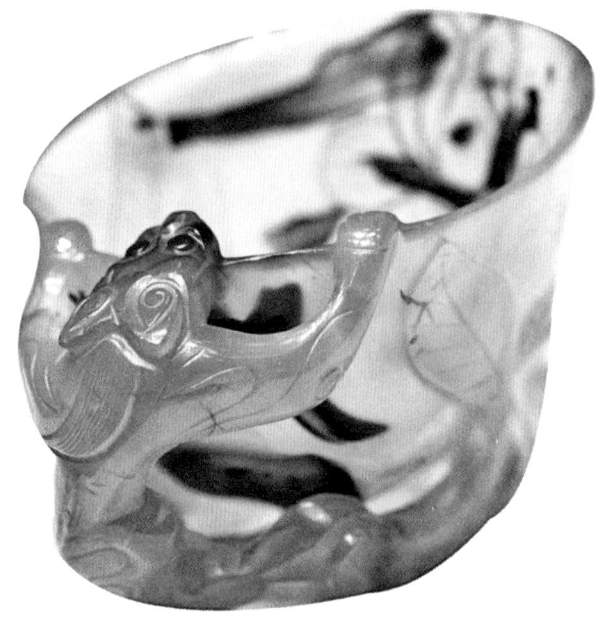

玛瑙单螭耳杯

从造型上看

通常情况下，外形比较个性的玛瑙工艺品收藏的价值要高。玛瑙的质地很硬，制作起来需要有几十道工序，所以，造型越是繁复，造价也就越昂贵，自然它的价值也就越高。另外，餐具器皿系列的玛瑙工艺品是整个玛瑙家族中升值最快的一员，在 2006 年北京拍卖市场上，一只金鲤鱼跳龙门的天然玛瑙盘创出了 29 万元的高价。

玛瑙花瓣盏托

七彩玛瑙歌

世间咏奇石，皆云补天遗。
松阳见彩琼，始信事非疑。
性坚能克玉，质润滑如脂。
七彩色斑斓，百变纹瑰奇。
流丝织彩霞，丹青染虹霓。
花艳称国色，草秀有天姿。
红叶秋山袂，青苔老树衣。
崖畔鹿欢跳，松间鹤舞低。
幽穴僧面壁，春田叟扶犁。
蓬莱暮霭重，瑶台晓雾湿。
此色天上有，人间不可及。
非借神仙手，哪得石中驰。
和田叹色浅，寿山愧质稀。
阜新难比肩，雨花色亦失。
置案室生辉，摩挲神自怡。
来日松荫居，樵云煮彩石。

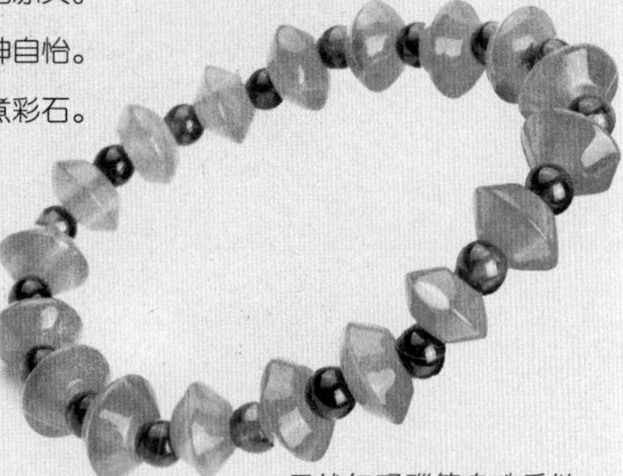
天然红玛瑙算盘珠手链

玛瑙的保养

玛瑙是佛教七宝之一，自古以来就是佛教圣物，一直被当作辟邪物、护身符使用。此外玛瑙还是用来做饰品的贵重材料，很多女孩子都会选择玛瑙饰品，如玛瑙佛珠或手链、项链等。那么日常佩戴时该怎样保养玛瑙呢?

玛瑙摆件

玛瑙仕女摆件

1. 要注意玛瑙不要碰撞硬物或掉落，玛瑙跟所有其他玉石一样也很脆，不能和硬物碰撞，否则就会有伤口，甚至断裂。所以佩戴玛瑙手镯或手链应尽量戴在左手，因为左手不经常做事，减少碰撞的机会。

2. 不使用时应收藏在有软垫或软布的饰品盒内。否则会因为碰撞或摩擦而使玛瑙饰品受到损伤。

3. 要尽量避免与化学剂液、肥皂、香水或是人体汗水接触，以防受到侵蚀，影响玛瑙的鲜艳度，使之失去光泽。

4. 要注意避开热源，如炉灶、阳光等，因为玛瑙遇热会膨胀，分子体积增大影响内质，持续接触高温，还会导致玛瑙发生爆裂。轻则有裂纹出现，重则直接断裂。

5. 玛瑙要保持适宜的湿度，所以，在冬天干燥的环境里，需要采用一些措施给房间增湿。例如，房间内养花，每天给花浇水或直接用增湿器都可增加湿度。尤其是水胆玛瑙在形成时期里面就存有天然水，如果保存环境很干燥，就会引起里面天然水分的蒸发，从而失去其收藏的艺术和经济价值。

6. 玛瑙制品如果脏了需要清洗，用小软刷或者软布擦拭即可。擦不掉用清水冲洗，不要用清洁剂来洗，因为清洁剂也属于化学品，有一定的腐蚀性。

玛瑙雕花虫纹摆件

玛瑙雕灵芝鸳鸯摆件

玛瑙摆件

清洗玛瑙饰品的正确方法

第一步：准备好要清洗的玛瑙戒指、玛瑙手镯或玛瑙项链等。

第二步：配制清洗用的溶液——氯化钠（即食盐）10 克，清水 500 克。搅拌均匀便可以清洗一个玛瑙手镯或一条玛瑙项链。一般来说配制溶液的多少可以按照比例根据饰品多少进行添加。配制好的溶液一般放在玻璃容器中就可以了。

第三步：将玛瑙饰品放到溶液中，一般浸泡 24 小时便可以完全去除其携带的细菌等。如果觉得不放心，可以用软布擦洗。

第四步：从溶液中取出玛瑙饰品，将溶液倒掉。（注意：不能高温去烘干饰品，这样会伤害玛瑙的内部结构。）

天然玛瑙手链

Amber

人鱼的眼泪——琥珀

下篇

Amber

Amber

天然琥珀吊坠

第四章 追本溯源——琥珀概况

琥珀的英文名称为“Amber”，来自于拉丁文“Ambrum”，意思是“精髓”。也有说法认为是来自阿拉伯文“Anbar”，意思是“胶”，因为西班牙人将埋在地下的阿拉伯胶和琥珀称为“Amber”。中国古代认为琥珀为“虎魄”。在中国、希腊和埃及的许多古墓中，都曾出土过用琥珀制成的饰品。古罗马的妇女，有将琥珀拿在手中的习惯，因为琥珀在手掌的温度下，能发出一种淡淡的优雅的芳香。古罗马人赋予琥珀极高的价值，一个琥珀刻成的小雕像比一名健壮的奴隶价值都高。琥珀还能够消痛镇惊，有的地方常给小孩胸前挂一串琥珀，以此驱邪镇惊。

琥珀是德国和罗马尼亚的国石，有“波罗的海黄金”的美称。波兰人认为琥珀是人们与诺亚在经历 40 天不间断的大雨时流出的眼泪变成的。在古代欧洲，人们将琥珀以“北方之金”相称，琥珀被视为吉祥物，象征快乐和长寿。欧洲人也把琥珀看作爱情长久的保护石，而且只有皇室贵族才可以拥有。直到 18 世纪末 19 世纪初，琥珀又成为

美国贵族的珍爱之品，当时的美国第一夫人玛丽·华盛顿所佩戴的琥珀项链至今仍展示于美国历史博物馆中。我国古代人认为琥珀是猛虎死后的魂魄变化而来的，象征着吉祥如意。在中国，琥珀除了作为珠宝，还是一味重要的中药，具有安五脏、定魂止惊、镇静安神、止渴解烦、化痰利尿、活血化瘀的特殊功效。关于琥珀的医疗作用，在中国最早系统记载矿物原料的著作《山海经》中已有描述。在古希腊的传说中，只要出生的婴儿戴上琥珀，就可避难消灾，讨个吉利；新婚夫妻戴上它可青春长驻、生活幸福、关系和睦。在佛教兴盛的国家比如韩国、日本和我国港澳台各地，那些信奉佛教的宗教界人士都把美丽的琥珀作为护身符。佛教界也视琥珀为圣物，认为琥珀具有相当的魔力或药用价值。琥珀可以辟邪的观念也因此延续至今天。自古以来，琥珀就是一种令人着迷而且独特的宝石，关于琥珀有着很多美丽迷人的故事。

琥珀摆件

琥珀的传说

传说一

古希腊一直都流传着这样的一个传说，说琥珀是古希腊女神赫丽提斯的眼泪变化而成的。她的儿子法厄同私自驾着太阳车横冲直闯而遇难，赫丽提斯知道后悲痛欲绝了好几个月，经过时间的长河，这位善良的母亲最后变成了白

琥珀雕簸箕纹鼻烟壶

杨树，而她的眼泪就变成了白杨树上那晶莹的琥珀。也正因为有了这样美丽的传说，让琥珀这种珍贵的宝石蒙上了更多的神秘色彩，似乎琥珀并不是5000万年前松树树脂的化石，而是人类情感的凝结物。在每一个温柔而又贤惠的女人眼里，似乎拥有了琥珀便是拥有了至尊的情感。

传说二

在波罗的海的传说中，琥珀是天使之泪。一个万籁俱静的晚上，善良美丽的蜡制天使从圣诞树上飞离，飞翔在波罗的海的岸边。当他看见骑士们正在凌辱被俘的妇女和儿童时，为那些可怜的受害者流下了同情的眼泪，因为悲伤过度，他忘记了返回的时间。当太阳升起的时候，蜡制天使便熔化成一滴一滴的蜡油掉进了波罗的海中，琥珀也就此形成。

天然琥珀吊坠

琥珀吊坠

传说三

相传古时候欧洲的一位国王，在新婚之夜将一串琥珀项链送给了自己的妻子，他们从此就幸福地生活在一起。当他们的子孙结婚时，国王就把这串项链上的一颗琥珀做成项链作为新婚礼物送给他们，他的子孙果然也都生活得非常幸福。于是在新人的婚礼上，人们会赠送琥珀项链，而且成为一种习俗。相信琥珀有神奇的力量，可以让人们的爱情天长地久。

琥珀的形成

其实人们在很早以前就已经发现了琥珀，但是琥珀的形成，始终都让世人感到迷惑。唐代诗人韦应物在《咏琥珀》诗中生动地描绘了琥珀的成因："曾为老茯神，本是寒松液。蚊蚋落其中，千年犹可觌。"这首诗就是说琥珀是留存千

天然琥珀吊坠

璀璨红花花珀吊坠

天然琥珀吊坠

天然琥珀吊坠

年之物。直到近现代，物理学、化学和地质学等现代科学发展起来之后，人类凭借科学知识和技术手段，彻底解开了琥珀的神秘面纱。

地质学研究表明，琥珀是珍贵的松树脂在历经地球岩层的高热挤压作用之后产生的一种珍贵的天然有机宝石，由于它自身的形成源于生命体，所以它天生就赋有灵性，像指纹永无雷同，每一款都是世界上绝无仅有的。琥珀是松柏科树树脂的化石。在远古时代，那时的气候温暖而潮湿，地球上生长着很多松柏科植物，但是当时还没有出现人类。这些树木含有大量的液体树脂，这些树脂从树木里流淌下来落在地上。随着地壳的运动，那些原来是原始森林的大片陆地逐渐变成了海洋或者湖泊没入水下，后来树木连同树脂一起被泥土等沉积物深深地掩埋。经过几千万年以上的地层热力和压力，并在地下发生了石化作用，这时树脂的结构、成分和特征都发生了显著的变化。最后，随着地壳不断的升

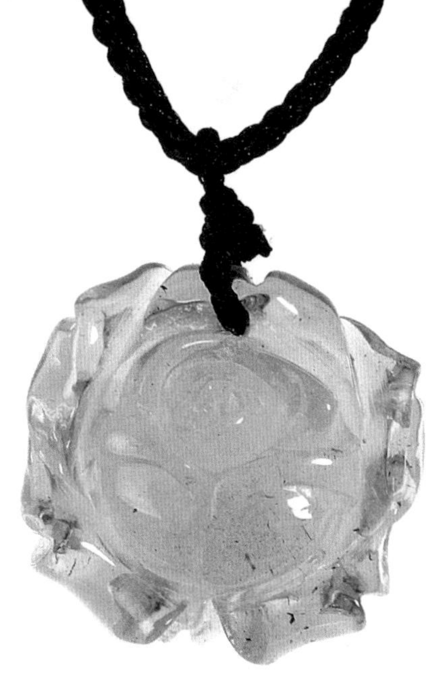
富贵花开金珀吊坠

血珀吊坠

降运动，石化了的树脂被冲刷、搬运到一定的地方，随着水流速度的降低，这些被石化了的树脂就在某些地方沉积下来，然后发生成岩作用进而形成琥珀矿。形成琥珀之后，在漫长的岁月中，经历日晒雨淋、地壳升降迁移、冰川河流冲击等磨炼，有的被深埋地下，有的则露出地表。那些埋入地下的琥珀成为矿珀，露出地表的琥珀有的被冲进大海形成海珀，有的则被冲进湖中成为湖珀。琥珀多蕴于煤系地层和沉积地层。琥珀在形成过程和之后的漫长岁月中，受到周围有机物、无机物、水土和阳光、地热等环境因素影响使其密度、颜色、熔点和硬度等产生了一系列的变化，从而形成了现在我们看到的琥珀。值得一提的是，琥珀是第三纪松柏科植物的树脂，和现在天然的树脂有着天壤之别。

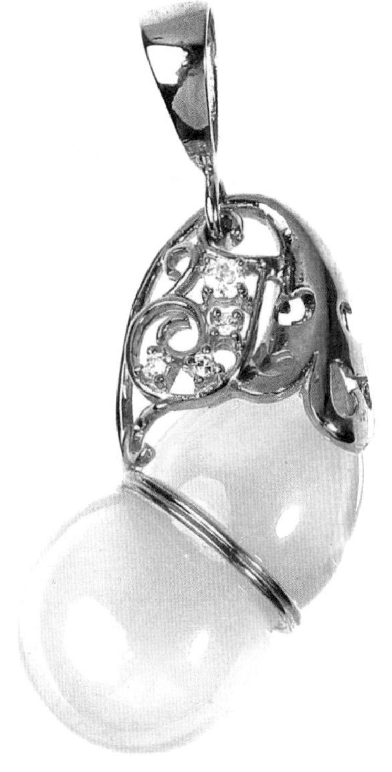
金珀葫芦吊坠

花珀吊坠

琥珀的产地

现在全世界已知的琥珀产地已经有 100 多个，每年还在发现新的挖掘点。除著名的波罗的海之外，琥珀还分布于俄罗斯、德国、多米尼加、波兰、英国、法国、罗马尼亚、意大利（西西里岛）、美国（怀俄明州、新泽西州、阿拉斯加州）、日本、印度，还有中国的辽宁抚顺等地。

历史上有名的“琥珀宫”，就是 18 世纪初德国普鲁士霍索伦王朝开国皇帝腓特烈·威廉一世聘请丹麦珠宝名匠花费 10 年时间，加工 100 多块琥珀并雕刻了 150 多个琥珀雕像制成的。该地所产的琥珀来自距今 4000 万年 ~6500 万年的地层。这种含有大量琥珀的地层一直延伸到海中，因此当海浪把岩层掀起打碎时，密度与水相近的琥珀便被海浪冲起浮到岸边，形成独特的波罗的海的“黄金海岸”。俄罗斯琥珀的储量占世界储量的 90%，当地每年开采琥珀 600 吨 ~700 吨，其中一半为一级品，可用于制作宝石，其余为 8 毫米 ~10 毫米的碎琥珀，只用作工业用途。俄罗斯加里宁格勒有全球最大的琥珀产地——扬塔尼伊。那是在加里宁格勒附近的一个露天矿区，位于波罗的海海滨，介于波兰和立陶宛之间。俄罗斯琥珀形成于距今 3200 万年前左右。

波罗的海琥珀产于丹麦、德国、波兰、乌克兰等波罗的海沿岸国家，不同地区的琥珀各具特色。波罗的海琥珀颜色金黄透明、质地晶莹、品质好、产量大。世界上最好的琥珀当属波罗的海的琥珀，其中以波兰的琥珀产量最多，其他波罗的海地区虽然也有琥珀，但是产量相对少得多。琥珀花是波兰琥珀中非常独特的，其美丽程度是其他产地的

老琥珀吊坠

琥珀望尘莫及的。琥珀花形成的原因与琥珀内部含有的极其微量的水和空气有关。这些气泡肉眼是看不见的，在埋藏于地下时受到一定的地热和地压而膨胀产生琥珀花。受到地热的琥珀会得到净化，从而变得更加晶莹剔透。据说因为波罗的海与北冰洋相通，海水温度非常低，这使得产自于当地的琥珀晶莹剔透、质地细腻、色彩斑斓，而且一些经过加热的琥珀甚至达到了世界最高质量琥珀的水平，而其他产地的琥珀即使经过处理也极少能达到如此高品质的效果。通常来讲，内含琥珀花的琥珀都是波罗的海的琥珀。

波兰虫珀天然吊坠

琥珀摆件

天然血珀吊坠

丹麦是第一个发现琥珀的国家，丹麦人认为琥珀是人鱼的眼泪，在 2000 万 ~5000 万年之前，丹麦的很多地方经历了从陆地到海洋的演变，森林中的树脂，就成为现在的珍宝——琥珀。在丹麦的维京时代，丹麦人把琥珀作为流通货币，和其他国家交换物品。琥珀还作为贡品，进贡给罗马帝国。据说当时的罗马贵族妇女，都喜欢手拿一块琥珀，因为，在手掌的温度下，琥珀受热散发出淡淡的芳香，有类似香水的作用。作为琥珀的发祥地，丹麦人还开辟了世界历史上有名的琥珀贸易之路，丹麦人骄傲地称之为“琥珀之路”，就如同中国的“丝绸之路”一样。据丹麦琥珀屋的资料记载，这条贸易与文化交流渠道从丹麦北部的日德兰半岛，经由波罗的海口岸，可一直到达地中海、波斯、印度、中国和更远的地方。

美洲是世界上出产琥珀的第二重要区域，其中多米尼加是琥珀最著名的产地之一。多米尼加琥珀的最主要特征是琥珀中常含有各种生物，除了千奇百怪的珍贵昆虫化石，还有哺乳动物的毛和鸟的羽毛，植物的花和叶等。多米尼加琥珀内亦曾发现青蛙、蜥蜴等较大型生物，当然这种琥珀非常罕见。多米尼加的虫珀是虫珀中难得的收藏佳品，其虫珀质量上乘、内含物种丰富、虫体保存完好，形成于距今 3000 万年的地层中。由于其形成的地质条件不同，出产的琥珀除了黄颜色以外，还有珍贵的蓝琥珀、绿琥珀、红琥珀和樱桃色琥珀，但是杂质较多。

琥珀蜜蜡吊坠

其中最出名的是蓝珀，目前在我国的市场上还没有见到明显的蓝珀，蓝琥珀产量非常少，供不应求。由于多米尼加对琥珀出口的限制，所以本地产的蓝珀价格一直居高不下。据推断，多米尼加蓝珀的蓝色光泽源于火山爆发等因素，蓝珀会随着光线变幻，呈现出蓝、绿、黄、紫、褐五种以上颜色，蓝珀在欧美市场上常被当作高档的珠宝与艺术收藏品，质量上乘的则多被博物馆所收藏。蓝珀美丽的光学效应以及稀少性就足以奠定它的琥珀霸主地位，它的色彩梦幻、典雅高贵宛如清凉的海水令人心旷神怡。

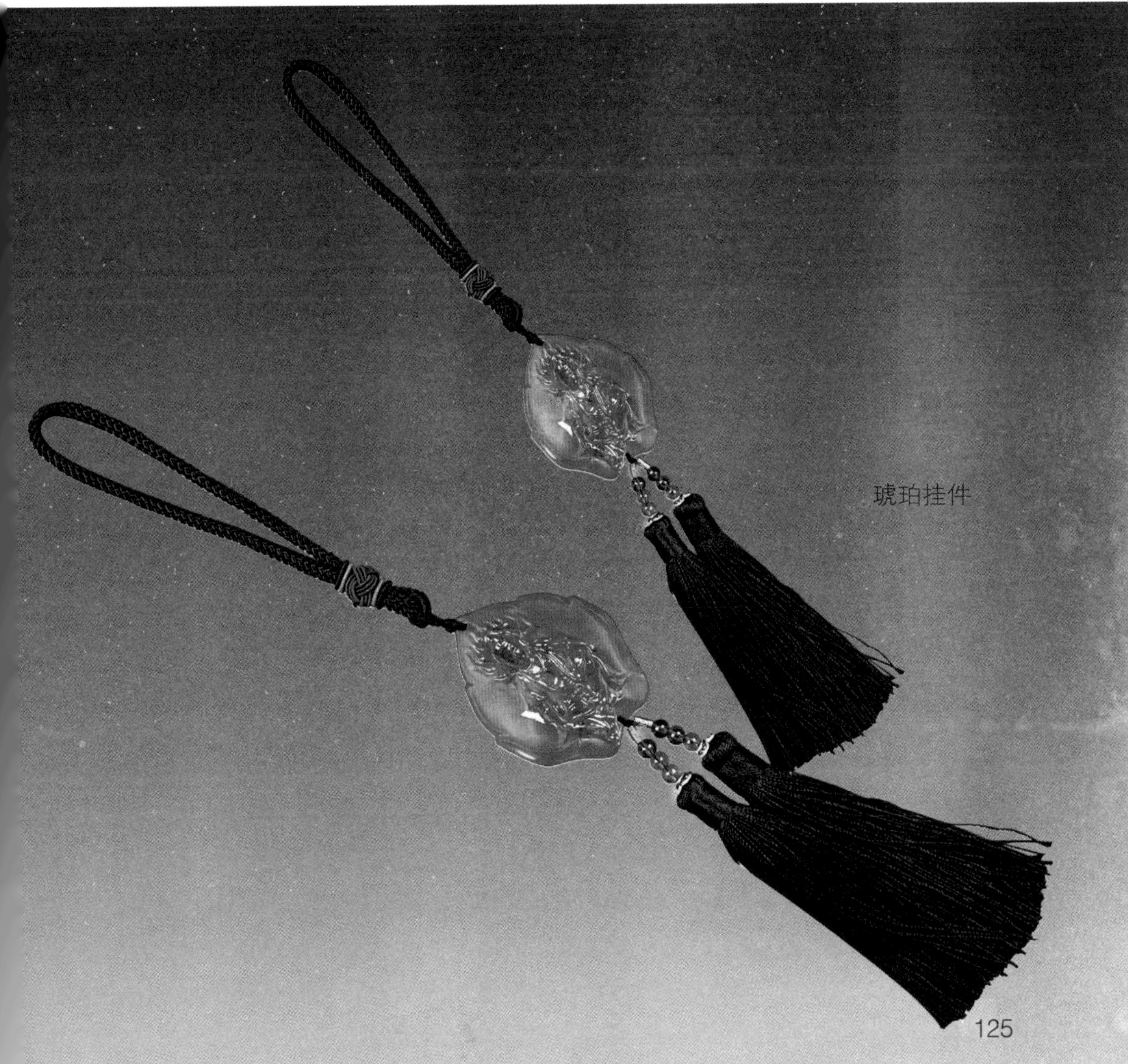

琥珀挂件

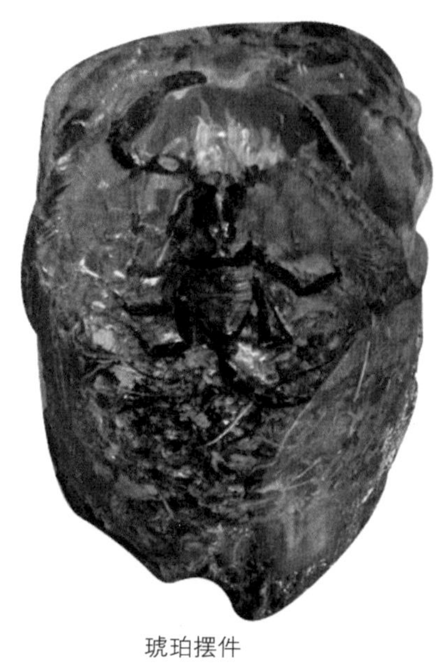

琥珀摆件

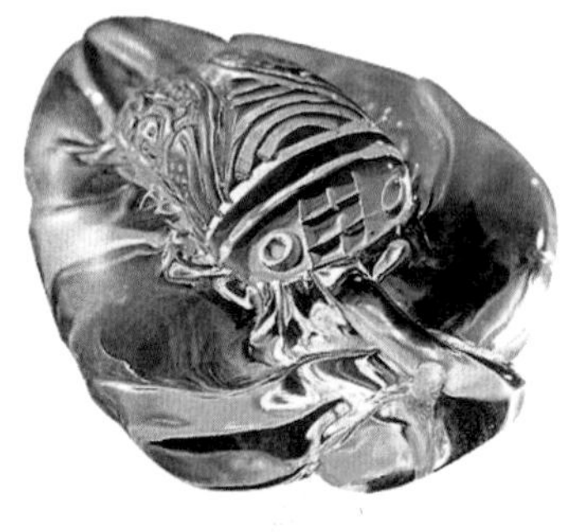

琥珀吊坠

一般蓝珀整体上可以看到明显的蜜黄色的体色，表面对光的部分呈微蓝色（极少数蓝珀即使在普通光线下本身就几乎都是蓝带紫色、蓝带绿色或天空蓝色等）。这种蓝色在白炽灯或明亮的太阳光下显得更为明显，而且蓝色会随着光照射角度的变化而随机移动。若将其放在特定荧光灯下，呈明亮的带绿色或带紫色调的蓝色荧光。多米尼加蓝珀在白光下就能呈现紫蓝色光彩。通常情况下，波兰琥珀和国产琥珀石没有这样的效应。

现在市场上所见到的多米尼加蓝珀几乎都是人工染色品或者其他材质假冒物品。很多商家所卖的蓝珀实际上为黄红色的琥珀，仅是紫外光下呈些许蓝色，当然这样的琥珀根本不是蓝珀。多米尼加蓝珀之所以“蓝”，就是因为晶体内含有特有的碳氢化合物，如波罗的海的琥珀品种，就看不到青蓝的光泽。在阳光照射下生起的热聚合作用会产生芳香族多循环群碳氢化合物，化合物在恢复基态过程中，从阳光中吸收高能紫外线光子，放射低能可见光带的光子，具体的颜色完全取决于化合物荧光团的吸光度。近期的光学测量研究显示，多米尼加出产的蓝珀在 430 纳米 ~530 纳米间的荧光放射最强烈，甚至放射带有不少磷光特征（从放射时间角度来讲，放射磷光的物质要比放射荧光的物质更长久）。多米尼加蓝珀含有芳香族的碳氢化合物，此化合物给琥珀石添加了一股芳香气味，在对蓝珀加工雕刻时格外刺鼻，这也是琥珀品种中非常独特的一个特征。

血珀吊坠

新西兰出产大量的树脂，树脂内含有非常丰富的动植物包体，与天然琥珀非常相像。但因为形成的时间只有 200 万年，故不能称之为琥珀，人们普遍叫它们柯巴树脂。树脂是琥珀的主要矿物成分，是透明、浅黄色的物质，颜色像新鲜的蜂蜜一样。琥珀形成之后仍然保持着树脂本身的颜色。

罗马尼亚出产的琥珀，其丰富的颜色居世界之首，如黄褐色、深棕色、深绿色、黑色和深红色等，都属于深色系列，这是因为琥珀矿区含有大量的黄铁矿和煤，这些物质会加深琥珀的颜色。罗马尼亚琥珀以黑琥珀最为珍贵，在黄光照射下则呈现枣红色。罗马尼亚有一种与众不同的琥珀，颜色介于棕色和绿色之间，燃烧时会发出冲鼻的硫磺味，熔点在 300℃ ~ 310℃之间。罗马尼亚琥珀的相对密度是 1.048，比波罗的海琥珀稍微低一些，硬度则略高于波罗的海琥珀。罗马尼亚的红棕色琥珀，在紫外线照射下，会产生蓝色荧光，这种现象和多米

天然琥珀吊坠

花珀吊坠

尼加的蓝色琥珀相同，在紫外线照射时，都会产生相同的蓝色荧光。

意大利的西西里岛景色优美，风景宜人，是令人向往的地方。除了它具有魅力的风土人情以外，所出产的琥珀很早就声名远播了。在我国的历史上可追溯至后汉时期，西西里岛的琥珀当时被作为进贡礼物而流传至各国，多为红色或是橘色，也有蓝色、绿色和黑色。西西里岛也是蓝色琥珀和绿色琥珀的重要产地。这里蜜蜡较少见，都是晶莹剔透的。年龄约是 6 千万 ~9 千万年。西西里岛出产的琥珀颗粒个体都不很大，能达到 8 厘米 ~10 厘米的都是难得一见的了，从琥珀的个体大小上来看，较相似于辽宁抚顺产的琥珀。西西里岛产的带有荧光的琥珀特别珍贵，并且美丽动人，但随着时间的推移，其中的荧光会逐渐减少。

2012 年，科学家在意大利发现了世界上最古老的昆虫琥珀，其中的 3 只昆虫已经有 2.3 亿年历史，而且保存完好。研究人员在意大利东北部观察了 7 万多块琥珀，在显微镜的帮助下发现了藏在琥珀中的肉眼难以看到的微小螨虫和一只比现代果蝇还小的苍蝇。

除了上述一些主要产地之外，缅甸也是世界上重要的琥珀产地之一，也是亚洲琥珀的重要来源。缅甸琥珀的颜色主要是暗橘色或是暗红色，没有波罗的海琥珀那种明黄的色调。缅甸琥珀中最贵重者为明净的樱桃红，这种樱桃红琥珀非常稀少，近似于血珀但更加艳红，是琥珀中的珍品。缅甸琥珀多数开采于 20 世纪初的北缅甸。据科学观测，

琥珀吊坠

琥珀雕观音摆件

琥珀雕童子牧牛

缅甸琥珀含有海底微小生物化石和绝种的昆虫种类，它们的年龄在6千万年到1亿~2亿年。缅甸琥珀在空气中被氧化后，颜色会变得更红，有的琥珀块中含有植物碎片。缅甸琥珀的内部由于方解石的存在，使琥珀的组织致密、硬度增大，还让一些本来颜色较深的琥珀变成棕黄与乳黄交杂的颜色，西方人称之为“Footamber”。

从1898年开始，缅甸琥珀由英国人控制的企业开采，企业一直运营到第二次世界大战缅甸发生重要战役的时候，平均每年产量约1吨。与此相对应的，波罗的海琥珀矿的产量约每年500吨。

缅甸琥珀多数开采于20世纪初的北缅甸胡康河谷中的深渊里。至今收藏在伦敦历史博物馆的重达15.25千克的缅甸琥珀之最，实际上是约翰·查尔斯·鲍宁于1860年在中国广州的市场上用300英镑购买的，后约翰·查尔斯·鲍宁将此捐献给了伦敦历史博物馆。同时，因为它的个体庞大，因此也被载入了《吉尼斯世界之最大全》。科学家

琥珀吊坠

天然蜜蜡吊坠

们通过测试缅甸琥珀矿区的地质情况，并对琥珀中的微体化石和已绝灭的昆虫种类进行了分类鉴定工作，从而得出结论，估计缅甸琥珀的年龄在 6 千万 ~1.2 亿年。

此外，墨西哥、阿根廷、巴西、智利、厄瓜多尔、委内瑞拉等国都有琥珀产地。

我国产琥珀的地方也很多，比如辽宁、河南和云南。我国琥珀一般含杂质多，颜色多为黑褐色。中国产的琥珀主要是在辽宁抚顺，抚顺所产的花珀是全世界独一无二的。抚顺花珀的外表为黑白颜色，年龄在 3500 万 ~3600 万年。另外，关于琥珀形成年代的说法一般是 4000 万 ~6000 万年，抚顺琥珀年代长于俄罗斯加里宁格勒矿区的，俄罗斯加里宁格勒矿区的又长于乌克兰矿区的。

辽宁抚顺的琥珀产于第三纪煤层中，也有一些琥珀产于煤层顶板的煤矸石之中，灰褐色煤矸石中保存的

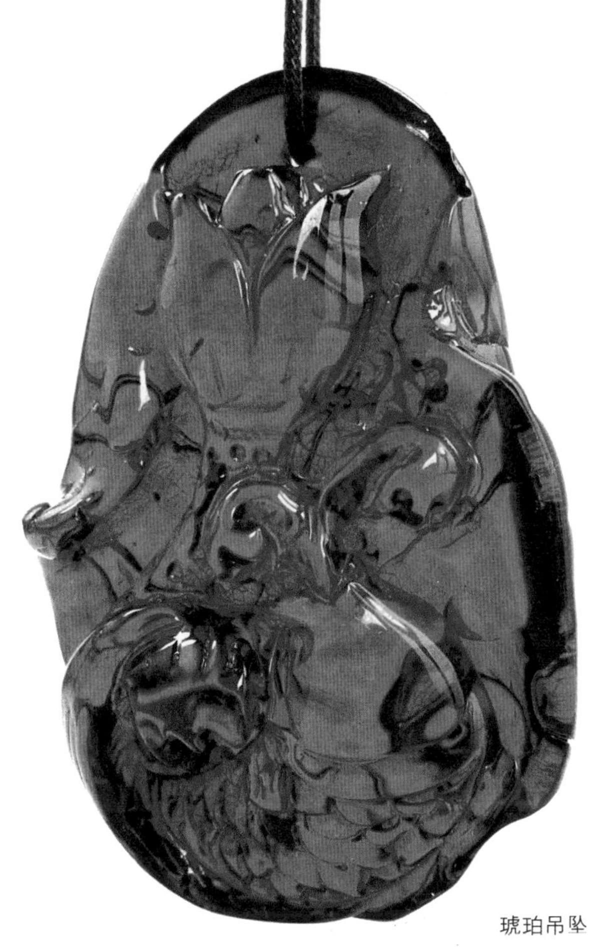

琥珀吊坠

颗粒状琥珀呈金黄色，密度、硬度较大。抚顺煤田的琥珀呈粒状、块状，数量多，质量优，与波罗的海的琥珀相似，透明到半透明，有血红、蜜黄、金黄、黄白和棕黄等多种颜色，也发现有植物或昆虫包体的珍贵琥珀——虫珀。不过昆虫琥珀的量很少，常常几十千克琥珀中也很难发现一个昆虫琥珀。

由于地热的因素，抚顺琥珀的颜色有很多种，虫珀中的昆虫比波罗的海琥珀中的虫要干瘪很多（因为埋藏时间要长）。再加上近年来的资源已经枯竭，出产的琥珀和煤精已经越来越少，已经有人把琥珀、煤精作为收藏品。抚顺很多人家都有一些琥珀饰品和煤精雕刻工艺品，精品很少有人会卖，特别是虫珀中的精品。国家规定虫珀为化石，卖的话价格也是很高的，而且价格也一直在上涨。抚顺琥珀具有强树脂光泽，透明，硬度为2~2.5，相对密度1.1~1.16，折射率为1.539~1.545，150℃软化，300℃熔融燃烧，有芳香味。现已基本采绝挖尽了。

根据各种生物化石和地质资料提供的信息，我们了解到抚顺琥珀的形成源于抚顺地区处在一个构造断裂带上，因为喜马拉雅山构造运动，抚顺不断下沉并形成一个盆地。在距今6000多万年的古新世时期，这里的环境经历了从火山频繁喷发到逐渐稳定的过程。在火山喷发之后长达几十万年的岁月中，在富含大量微量元素火山灰烬的大地上，植物曾经历了数十万年的繁衍。由于一些受过自然创伤的松柏科植物断裂的“伤口”处流出树脂，粘住一些小动物，被树脂包裹的动、植

琥珀雕观音摆件

物形成了化石。在盆地形成沼泽之后盆地又不断地下降，原始森林也不断地堆积，另外一些松柏科树分泌的大量的树脂脱落后可以在沼泽中大量集中。大片森林被深埋入地层，树木中的碳质富集起来变成了煤，树脂在煤层中则形成了琥珀化石，又被以后的火山喷发熔岩覆盖。

我国河南西峡县盛产琥珀，历史悠久，埋藏量丰富。西峡县的琥珀主要分布在灰绿色和灰黑色细沙岩中，面积达 600 平方千米。呈窝状、瘤状产出，每一窝的产量从几千克到几十千克，琥珀大小从几厘米到几十厘米。颜色有黄色、黑色和褐黄色，半透明到透明。内部偶然可见昆虫包体，大多数琥珀中含有砂岩及方解石和石英包体。这里的琥珀藏量大，其质量也是全国最好的。1980 年，西峡县重阳乡挖出罕见的大琥珀，重达 5.8 千克，其中有昆虫花纹，颜色紫红，半透明，

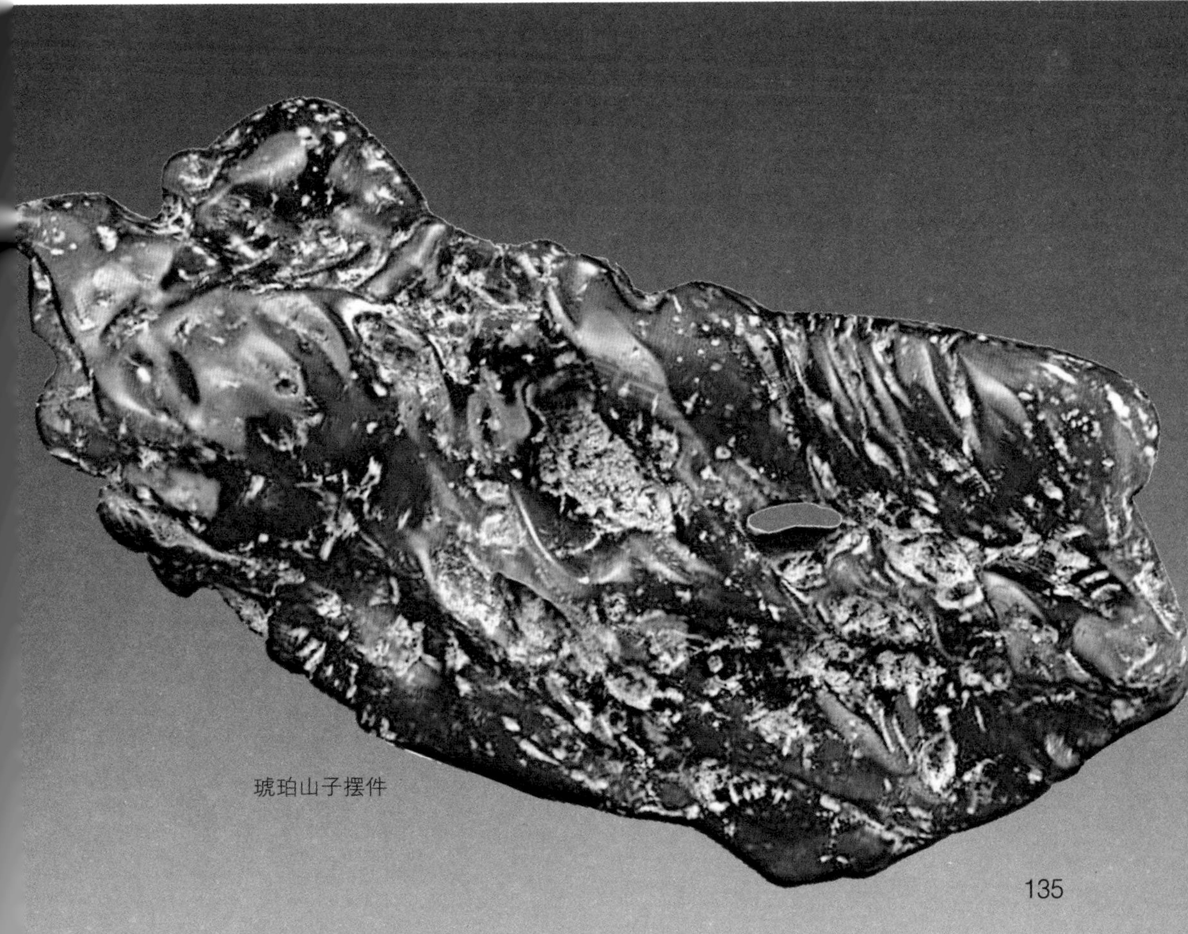

琥珀山子摆件

蜜蜡手串

琥珀鼻烟壶

有光泽，呈方形或菱形结晶块，松香味非常浓。

西峡琥珀因项链质量最佳，一度引起国内外注视。该地琥珀在过去主要用来做药用资源，1953年后开始用作工艺品，现在每年有上千千克的产量。

在河南西峡一直有一段跟琥珀相关的传说。唐朝的时候，有一位产妇，因产后风而死掉了，在埋葬时巧遇药王孙思邈，孙思邈发现棺木渗出的血液鲜红，滴到地上很快就渗入土中。因此孙医生断定，该妇女尚可抢救医治。于是孙思邈马上命令仆人先用红花烟熏妇女鼻孔，再用琥珀抢救。不久，妇女便恢复了知觉，哼出声；又过片刻，经人搀扶，就可起立。这个故事在西峡一带流传至今。故事是否属实，无从考究，但说明琥珀的药用价值确实很高。

云南丽江等地的琥珀主要产在第三纪煤层中，颜色多为蜡黄，半透明，大小为 1 厘米 ~4 厘米。没有经过大规模开采。云南的永平保山曾有过出产琥珀的历史记载。

琥珀戒指

琥珀手链

世界上最绚烂的琥珀

世界上有这么多的地方出产琥珀，那什么地方的琥珀最绚烂、最漂亮呢？非缅甸琥珀莫属了。缅甸琥珀在不同的光线下，可以呈现出深红色、金黄色、紫罗兰色、水蓝色、樱桃红色、宇宙蓝色等多种颜色，可谓是五彩斑斓，绚烂夺目。

缅甸琥珀产于缅甸北部的胡康河谷，是所有宝石级琥珀中最古老、最美丽、硬度最高的。缅甸琥珀传入英国是在 19 世纪 40 年代（1840 年以后），在维多利亚时代，缅甸琥珀被认为是最美丽的琥珀，特别是鲜红色的缅甸琥珀（云南商家称为“血珀”）成为当时的时尚。下面我们就向大家简单介绍一下缅甸琥珀。

缅甸血珀：缅甸血珀色泽浓暗，在正常光线照射下并不是很透明，不过在强光照射下则可显现出美丽的深红色，也就是国内琥珀市场中极为珍贵的天然色“血珀”。

缅甸珀根：缅甸珀根是一种不透明琥珀，含有方解石的成分，且形成深棕色交错白颜色，经过抛光后则呈现大理石般的美丽纹理。

缅甸紫罗兰琥珀：部分远古树脂流动时卷入树皮上沙尘状物质，形成深棕色且有波动感的云雾状流纹，在正常光线照射下呈现不透明棕褐色，但在太阳光照射下呈现出美丽的紫罗兰色。因其色彩美丽、产量稀少，受到世界各地收藏者的追捧，紫罗兰琥珀的价格是缅甸琥珀里最高的。

缅甸金珀：缅甸金珀在正常光线照射下呈现透明黄色，在太阳光下照射呈现出美丽的水蓝色。因缅甸琥珀中杂质少的金珀量很小，所以纯净缅甸金珀价格也很高。

Amber

琥珀的种类

蜜蜡

蜜蜡（英文蜜蜡 Amber 一词来自阿拉伯文，其原意即为“浮于水”的意思）是树木脂液化石，是半透明至不透明的琥珀。蜜蜡为非晶质体，无固定的内部原子结构和外部形状，断口常呈贝层状，折射率介乎 1.54~1.55，双折射不适用。物理学验定，蜜蜡的比重在 1.05~1.10，仅比水稍大，是一种珍贵的装饰品。蜜蜡摩擦产生静电荷，能吸附铁屑、纸片等轻微物品，部分不摩擦亦带有静电荷。

在中国，自古及今蜜蜡亦有过好几个不同的名称，例如琥珀、珀、虎魄、江珠、蜜蜡、遗玉、育沛、顿牟和红松香等，其中也有时代、地方之分。但在现在，蜜蜡与琥珀分指不同的矿物，蜜蜡成矿年份

蜜蜡手串

都在 2 千多万年甚至 1 亿年前，而波罗的海的琥珀形成年份距今只有四五百万年。

蜜蜡的颜色有浅黄色、蛋清色、米色、鸡油黄、橘黄色等黄色系为主的颜色，基本是产于波罗的海的一种琥珀。枣红色蜜蜡是黄色系蜜蜡外皮氧化产生包浆而颜色变深导致的，也正因为如此，市面上产生了很多人为加工氧化的枣红色或者颜色更深的蜜蜡。

蜜蜡是大自然赐予人类的天然珍贵宝物。它的产生及形成过程需要经历数千万年，其间历尽沧桑，又令它增添了无数瑰丽的色彩。蜜蜡的神奇变化，使它几乎无一雷同，仿佛任何一件都是举世无双的。它的神奇、美丽，每次都能给人一番惊喜。而且，蜜蜡肌理细腻，触手熨帖（这点颇类似中国软玉）、温润，不像一般宝石那样冷冰，缺

蜜蜡珠手串

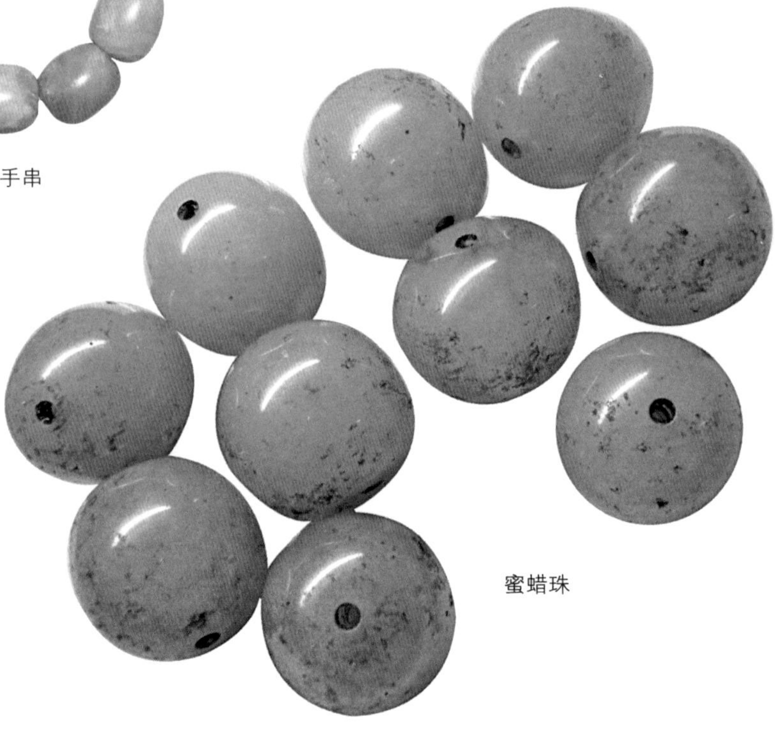

蜜蜡珠

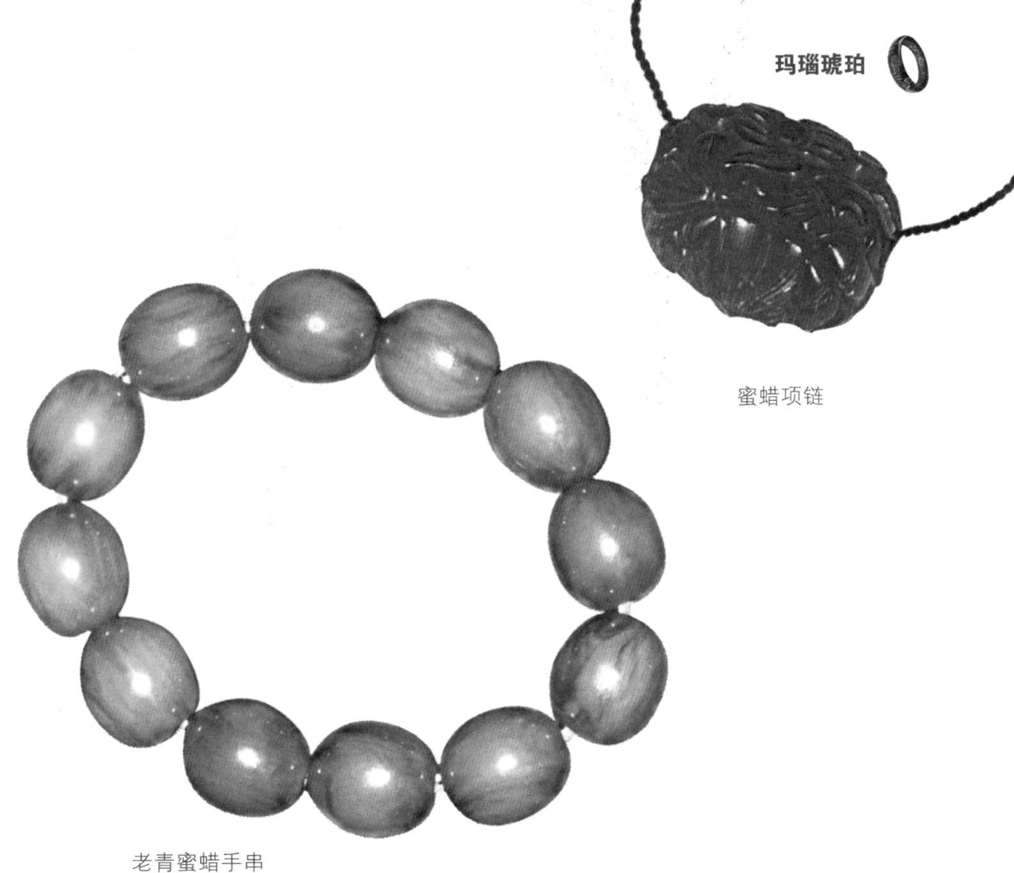

蜜蜡项链

老青蜜蜡手串

少一份人情味。

蜜蜡是有机类矿物之一，色彩缤纷，质地温润，价值超卓，用途广泛，与其他自然宝石一样，享有“地球之星”的美誉。蜜蜡蕴含无数的色彩，有的半透明，有的透明晶亮，有的不透明但色纹斑斓。透明的若再加上光线照射，往往有多种色彩显现。自古以来，蜜蜡便为世人所喜爱，且人们不分种族、阶级、疆界、文化、宗教和时代背景，均对之赞赏有加，视为宝物，历久不衰。因此在人一生之中，最好能至少拥有一件蜜蜡，以作怡情、美饰、防病治病、修养身心之用。

蜜蜡象征永恒的爱侣，不断地散发莫名魅力，愿每天为它写下千百首赞美情诗，来表达对它那份热切追求的心意，并全心全意去爱，无论置身于哪一个时空中，蜜蜡之美名就如它本身一样的纯洁，一样的完美。

中国是世界上最早发现记录蜜蜡的国家之一。中国远古时，蜜蜡

天然琥珀蜜蜡吊坠

就被皇亲们视为吉祥如意之物。新生儿佩戴它可避难消灾，一生平安。在我国，有些少数民族的婚礼仪式上新娘也有佩戴，它能永葆青春，并可以升华夫妻间的感情。育沛是蜜蜡古代的名称，当时先民不仅发现蜜蜡，以之为佩饰，而且由经验积累认知蜜蜡具有药性，佩戴可以治疗瘕疾（一种腹中结块的妇科病）。此后几千年，蜜蜡一直是中国人民珍爱的宝物。

蜜蜡堪称“中医五宝”之一，佩戴在手后可以缓解风湿骨痛、鼻敏感、胃痛、皮肤敏感等，《本草纲目》《新中药大辞典》《本草求真》等均有详细记载。佩戴后身体会慢慢吸收其精华，经血液运行到全身，消除疾病。蜜蜡依其不同地区、不同颜色、不同品种有不同功效。

蜜蜡不仅受到中国人民的喜爱，更是欧洲历代皇族所采用的饰物与宗教圣物，欧洲一直有“千年琥珀，万年蜜蜡”的说法。蜜蜡于本世纪已经掀起全球收藏热潮，价值不断攀升。蜜蜡的质感和彩艳魅力，足以媲美翡翠和钻石，它的神秘力量和灵性，却是其他珠宝所不具备的，可谓最美丽和最珍贵的珠宝。

现在越来越多的人认识蜜蜡和喜爱蜜蜡，佩戴跟收藏蜜蜡的人也越来越多。但是，市面上充斥着大量的赝品和仿造品，一般消费者甚至颇有经验的收藏家也会常常受骗。真蜜蜡的颜色和品种繁多，因其经济价值不同，价钱也有很大的差异，因此就需要根据自身不同的爱好、用途和购买力来进行挑选。

在挑选及收藏蜜蜡时，应选择具有以下特征的：天然纯正的、质地匀净、油润、晶莹的、完好没有裂纹及残破的等。更进一步的要求与讲究，则可观察以下的特征：外部脂光润亮，内部精光与宝光内敛；具二向或二向以上色性；有云纹、虎纹、绢丝、冰裂纹及风化纹；色彩鲜艳、柔润而不失古朴感，隐约呈现油润灵活光泽；光影闪耀，似有若无，或出现境界灵奇、山川人物等。再者，如果是珠串，则最好挑选颜色、品种、形状及大小一致的"齐手"货。若是蜜蜡与其他珠宝搭配制成的首饰，则要注意整体材质的选择和特性，力求寻找与蜜蜡特性相匹配的材质，切不可过分强调其他材质的光彩而将蜜蜡的特性掩盖。

琥珀蜜蜡手串

蜜蜡能否水洗

精品蜜蜡的数量非常稀少，在市场上并不多见，所以精品蜜蜡的价格比较昂贵。大多数人选购的蜜蜡制品都较为普通，价格并不高昂，普通消费者都可以承受。不过现在的年轻人并非对蜜蜡有多么全面的了解，大多数是因为好奇心态以及被蜜蜡温润舒适的质感所吸引，所以很多人并不了解蜜蜡的保养知识。

经常听到别人问起蜜蜡能不能用水来清洗，或者能不能往水里面添加清洁液来清洗蜜蜡。对于长期接触琥珀蜜蜡的朋友来讲，这个问题简直就是小菜一碟，但并不是每个人都接触过琥珀或长期把玩过，因此有必要把这个事情拿出来说一说。

有一点毋庸置疑，就是不管是什么样的蜜蜡制品都需要保养。其中保持蜜蜡表面的清洁是非常重要的，因此平时可用棉布擦拭表面。长期佩戴蜜蜡会使其表面沾染灰尘或油污，看上去有脏乎乎之感，此时可以将蜜蜡浸泡在清水中，1~2 小时后拿出来用棉布擦干即可。也就是说蜜蜡不仅可以用水来清洗，而且还非常必要。需要注意的是，水洗蜜蜡时不能往水中添加任何清洁类的有机溶液，否则会让蜜蜡受损。

蜜蜡手串

血珀手镯

血珀

顾名思义，血珀就是指颜色像血一样红的琥珀，也称红珀或红琥珀。成色好的血珀，晶体通透，极少有杂质，触感温润细致，颜色深浅适中，是佩戴、馈赠、收藏之

血珀葫芦吊坠

血珀圆珠耳坠

佳品。血珀饰品中，通明透亮，血丝均匀，是天然血珀中的极品。真正透明的血珀非常稀少，并且个体也很小，大部分的天然琥珀都是有杂质的。

血珀手串

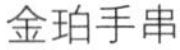

金珀手串

玫瑰花开金珀戒指

金珀

金珀是指金黄色透明的琥珀，以色之深浅所分的一种琥珀类别。金珀古代被称为“财石”，其色彩鲜亮，具有富贵之美。其金黄色的光辉会给人带来财运和福气，也会带来更多更美好的与人相处的机会。金珀的色彩亮如黄金，发出熠熠光辉，透明度非常高，是最名贵的琥珀。

香珀

香珀是含有芳香族物质而具有香味的琥珀。香珀用力摩擦就会发散出千万年前松脂的清香味道，普通的琥珀只有钻孔的时候才有香味。但现在市面上的很多香珀都是加了香料之后的琥珀，并非天然香珀。

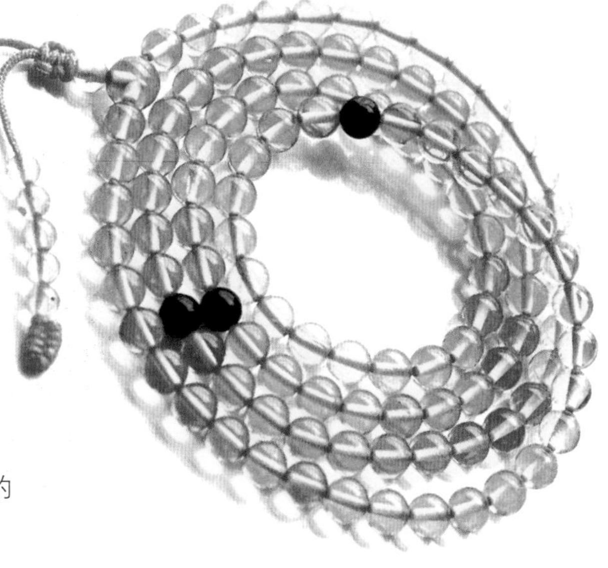

金珀珠链

石珀

石珀多在石头的缝中，是指石化程度较高、硬度较大的琥珀。石珀以其独特的自然形态展现给世人，色泽自然，有树液流动的痕迹，适合做摆件。放在床头有利于夫妻情感的融合；放在办公桌上可让人更有亲和力，经常把玩可吸收身体的有害物质；放在电脑旁边可防辐射。

蓝珀

蓝珀是一种很稀有的琥珀，因此价值非常高。北美洲的多米尼加

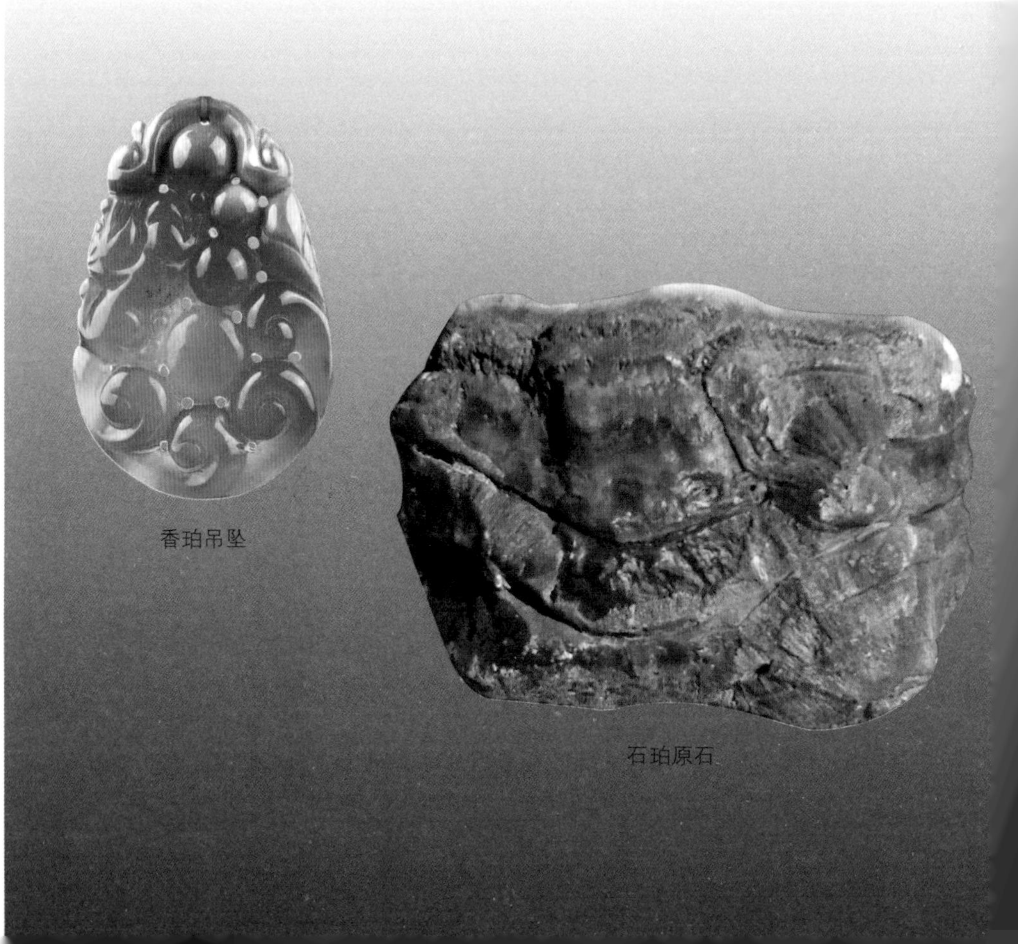

香珀吊坠

石珀原石

蓝珀原石

蓝珀原珠体

共和国把蓝珀称为国宝，同时多米尼加共和国也是蓝珀的唯一产地。它来自于3000万年前的豆科类植物树脂，其特殊的蓝色成因众说纷纭，被科学界广为认可的说法是因火山熔岩流过地表的高温造成地层中琥珀受热产生的质变。蓝珀原本是地层中普通的琥珀，因数千万年前多米尼加火山爆发的高温，使地层中掩埋的琥珀发生热解，而热解过程中产生的荧光物质融入琥珀之中，这便是蓝珀神秘色彩的形成核心。由此可见，多米尼加当时特有的地质条件方可促成蓝珀的形成，这也是它仅产于该国的原因。

多米尼加是个面积只有4.8万平方千米、人口不足千万的火山岛，全岛被65%的树种所覆盖。由于特殊的火山岛原因，在历史的变迁中，岛上的树种变化较快，树种相对较小，所发现蓝珀的块料都比较小，并且至今也不能科学地说明蓝珀形成的原因。

蓝色是最有价值的琥珀颜色，仅占总量的0.2%，有时与白色琥珀伴生。蓝珀（天空蓝）在白底自然光线下，是淡黄而纯净的，在变化角度时肉眼能感觉到轻微蓝色反应，在深色底色和自然光线下会出现强烈的天蓝色，在紫光灯下，会出现很强烈的蓝色荧光（绝大多数矿珀品种都会出现这样的情况，不是判断是否为蓝珀的依据）。

蓝珀的等级是依据颜色和杂质的多少来评定的，杂质越少，蓝色的色度越趋向天蓝的为最佳，一般把几乎没有杂质的定为 AAA 级别，略有杂质的定为 AAB 级别，多杂质的定为 ABB 或 BBB 级别。

蓝珀摆件

绿珀吊坠

绿珀吊坠

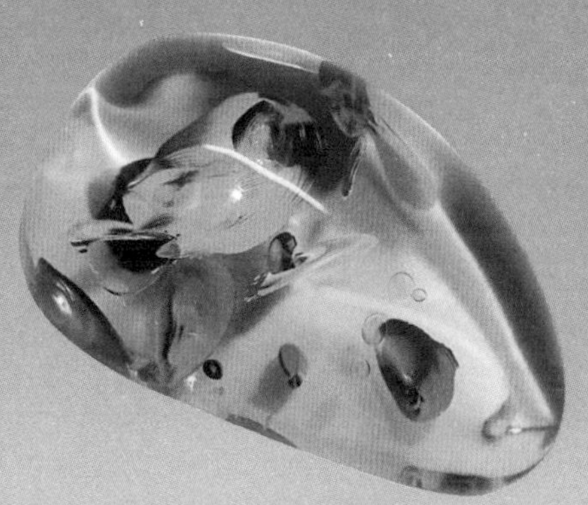

绿珀吊坠

绿珀

绿珀就是指绿色透明的琥珀，其形成的原理跟蓝珀的形成原理是一样的，都是在阳光下产生的一种光学现象。当琥珀中混有微小的植物残枝碎片或硫化铁矿物的时候，琥珀就会显示出绿色。绿珀也是很罕见的一种琥珀。

绿珀吊坠

虫珀

虫珀是指含有动物或植物遗体的琥珀，其中以包含的虫类越稀少的琥珀越珍贵，例如爬虫类，每出现一块“蜥蜴虫珀”都会给整个琥珀界造成轰动。当然像包含蚊子、苍蝇、蜜蜂等小动物遗体的琥珀也是比较名贵的。那么虫珀究竟是怎么形成的呢？小动物是怎么被包在里面的?

大约在 5000 多万年前，地球上河湖众多、气候温和，接近现代的亚热带环境，到处是成片生机勃勃、古树参天的大森林。因为当时的气候温暖，一些树干破裂或受过自然创伤的能够分泌树脂的树木不断

虫珀

天然虫珀

虫珀

分泌树脂，有的树脂汇集起来形成较大的团块，当树脂刚刚分泌出来时，有的树种的树脂带有甜蜜的香味，吸引了不少蚊虫、甲虫和蚂蚁等形形色色的昆虫，还有一些以昆虫为食的小动物，由于树脂又黏又稠，小动物和昆虫一旦被粘住就很难逃脱，此时此刻，树脂继续分泌流出，将各种小动物、小昆虫和落在树脂上的树叶、小树枝包裹其中，就像是大自然制作的标本，其生物体的形态特征原封不动地保存下来，其完整程度远远超过保存岩石之中的化石。

天然琥珀昆虫被包裹在树脂中的各种动植物和孕育它们的原始森林，因为当时的地质构造运动非常活跃，随着盆地的急速下降，原来大面积的原始森林被深埋于地下，大量的有机物质被封闭在地层里面，处于一个还原的密封环境中，使各种有机物质，包括植物和动物个体，都不至于氧化、腐烂。很多年过去了，这些原始森林植物体中的碳质富积下来碳化形成了煤，其中的树脂也在煤层中保存下来，化为琥珀，因为包含众多昆虫，所以又被称为虫珀。不过令人费解的是，有的琥珀中竟然含有水生的动物，要知道树脂是无法与水相溶的，那为什么琥珀中常含有微小的水生动物？这是因为很多年之前，很多树脂从远古松树林中落下，其中靠近池塘的松树落下的许多树脂掉进了池塘之中，这些树脂因无法与水相溶就漂浮在水面上。池塘中栖息着很多微小的水生动物，当它们快速穿过水面的时候，就很容易接触到水面上的树脂，树脂的强黏合性很快就会把这些微小的水生物粘住，它们越是挣扎，树脂就粘得越紧，最后将它们紧紧包裹起来，直至死去，也就形成了现在的含有水生动物的琥珀。

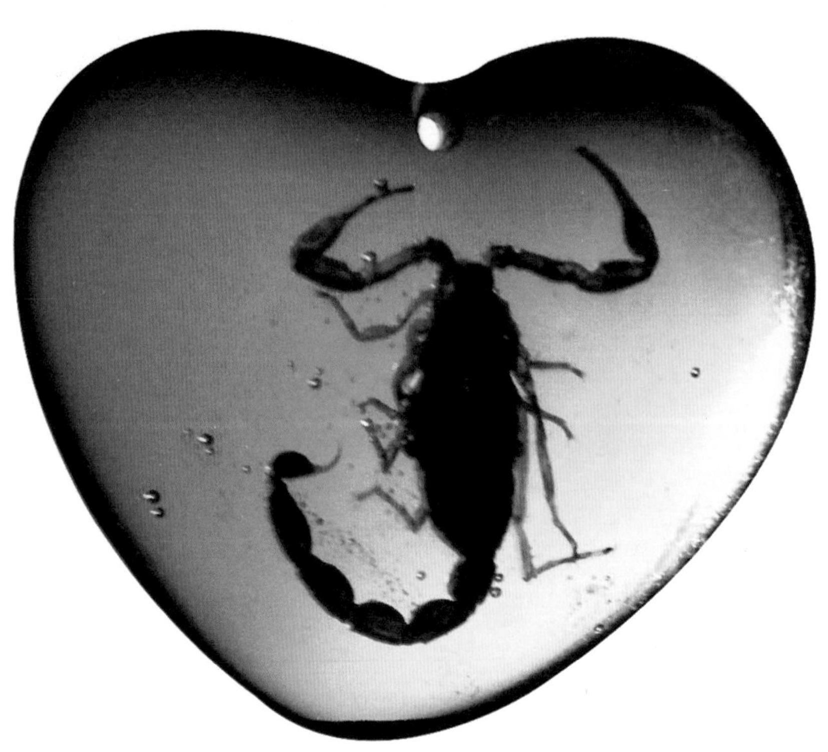

虫珀

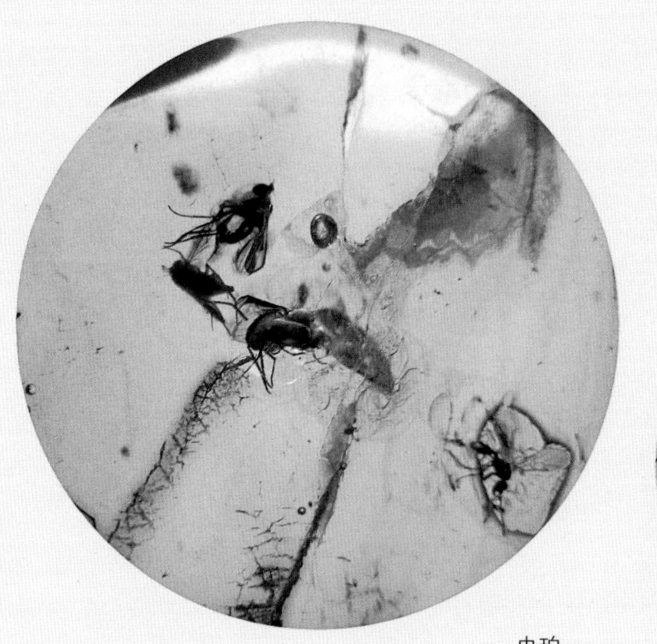

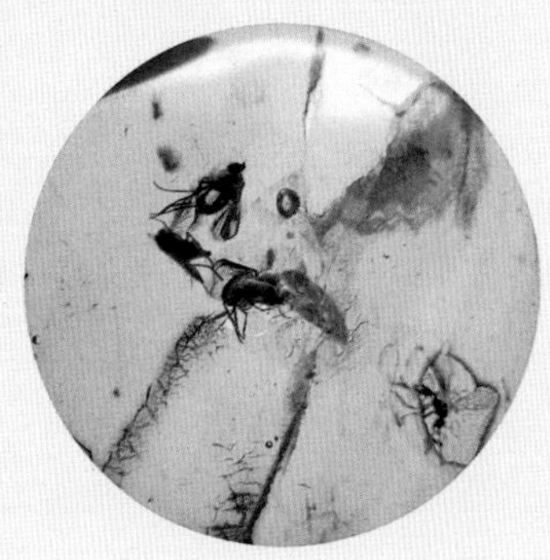

虫珀

现今，在琥珀界流传着一个骇人听闻的传说。据说，琥珀中的昆虫体内很可能会含有病毒和细菌，因为，恐龙的灭绝可能是由于一种病毒造成的。而琥珀中的昆虫很有可能含有这种病毒，它就像潘多拉的盒子，如果打开它，说不定就会带来灾难。当然，这不过是传说，信与不信全在个人。

虫珀的真假鉴别

1. 在琥珀中看到大个头昆虫，99.9% 是假的，一个含有 2 厘米长的真虫子，售价可达 2000 美金甚至更高。出售的真虫珀的小虫都不会太大，而虫子越小造假就越难，一个长不足 1 毫米的虫子要花费很多精力才能收集到再夹在树脂中，还要形态自然。

2. 看小虫的形状和周围有无挣扎留下的痕迹，有的虫子翅膀会是折的，或者身体的某一部分是残缺的，虫子身上还有亮片，应该是挣扎后留下的。假虫珀里面的虫子动作是很生硬的。

3. 眼观清澈度，琥珀虽说有透明和不透明的，但是就算含杂质也能感觉透明处非常清澈。

4. 不足年份未经过地压地热的千年树脂，它们含虫的概率很高，而且从味道和虫子的姿态都能以假乱真，但点一点洗甲水会有黏黏的感觉，泡在洗甲水中会慢慢发生溶解。

Amber

灵珀

关于灵珀的说法有两种：一种说灵珀是黄色透明的琥珀，是名贵的优质品种；另一种是说含有小动物和植物的琥珀，因为国外对含各种植物、昆虫、羽毛、活水和动物的琥珀并无特别称呼，所以选其灵为含生命之意，把有内裹物的琥珀称为灵珀。

灵珀

灵珀

灵珀吊坠

灵珀摆件

明珀吊坠

水珀

水珀是指内含水滴的琥珀，呈浅黄色。

明珀

明珀颜色极其淡雅，清澈透明，明莹润泽，色黄或红黄色，性若松香。佩戴明珀饰品可以使人神清气爽、思维活跃，更加具有娇柔和灵动之美。

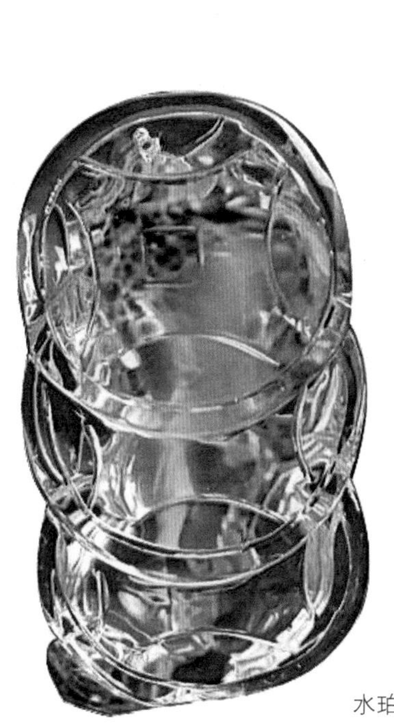
水珀

明珀 108 佛珠

天然明珀小竹子挂坠

明珀圆珠手串

白琥珀

白色的琥珀也是琥珀中较为稀少的一个品种，其特征是具有天然多变的纹路。白琥珀也称为“皇家琥珀”或者“骨珀”。白琥珀可以跟多种颜色伴生，比如黑色、蓝色、绿色、黄色等，形成美丽图案。

蜡珀

蜡珀呈蜡黄色，具蜡状感，因含有大量气泡，所以透明度较差，相对密度也较低。蜡珀可做精美的装饰品，具有良好的保存价值。

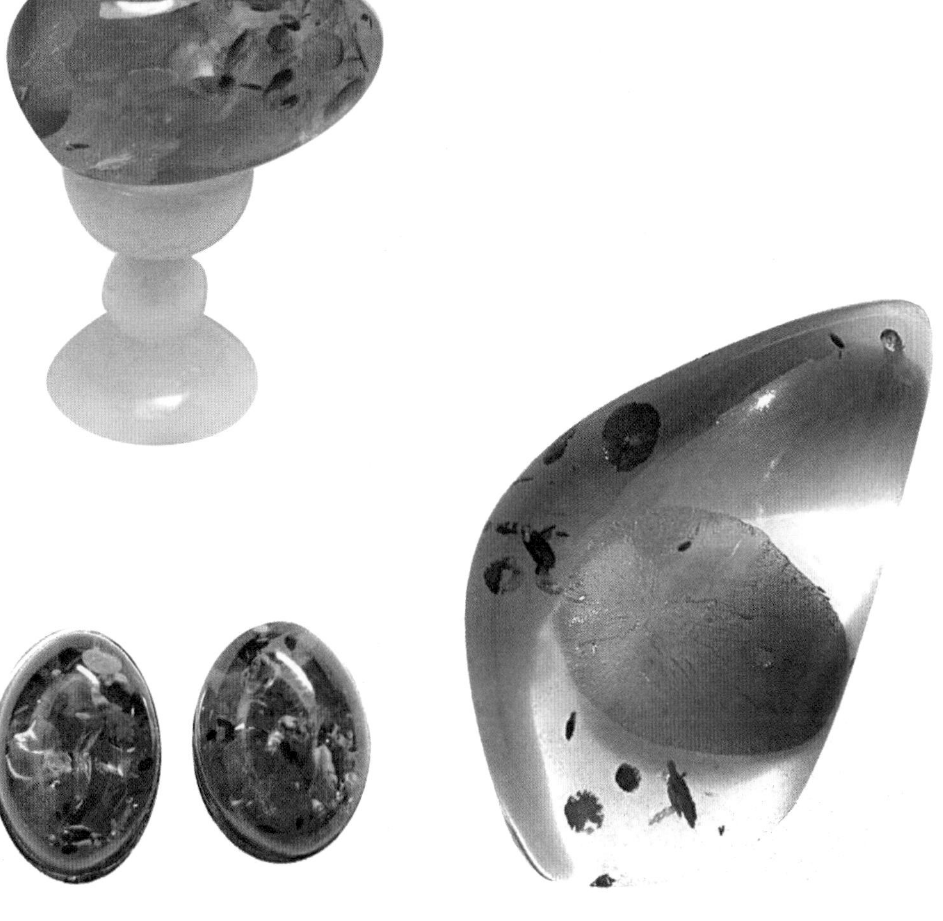

蜡珀

金绞蜜吊坠

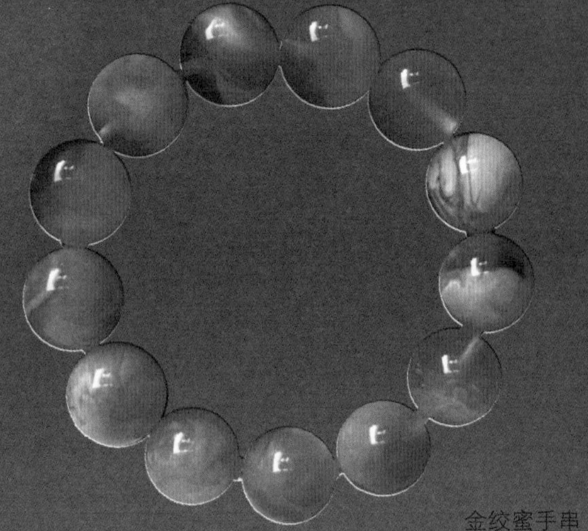
金绞蜜手串

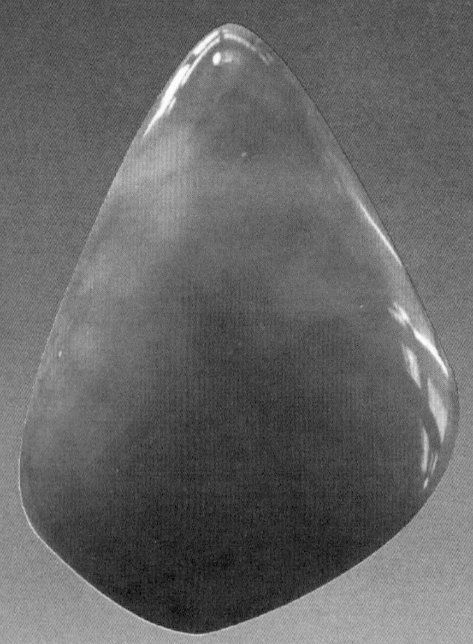
金绞蜜原石

金绞蜜

金绞蜜是一种产量较低的琥珀，它具有与众不同的外貌风格，让人看一眼就可将它记住。金绞蜜是由两种不同的成分组成，一种是透明的琥珀，一种是不透明的蜜蜡，由金珀跟蜜蜡交织于一起而形成，可以清楚地看到它们相互交融时的状态，每一个金绞蜜都有着独特的交融状态，可以展现出各自不同的风貌。

红松脂

红松脂呈淡红色，性脆，半透明且浑浊。

Amber

琥珀颜色的象征

红色表示热情、活力和希望；

黄色表示光明、温和和快乐；

绿色表示青春、和平和朝气；

蓝色表示清新、秀丽和宁静；

紫色表示典雅、高贵和华丽；

白色表示纯洁、神圣和清爽；

金色表示华贵、辉煌和光荣；

橙色表示喜悦、兴奋和活泼；

青色表示希望、坚强和庄重；

黑色表示庄重、神秘和悲哀。

琥珀挂件

琥珀的特点

琥珀的化学成分为 $C_{10}H_{16}O$，主要元素是碳、氢、氧以及少量的硫，微量元素主要有铝、镁、钙、硅、铜、铁、锰等元素。它主要是由琥珀松香酸、琥珀脂酸、琥珀油和琥珀酸盐等物质组成的，含少量的硫化氢。我国的《系统宝石学》定义的琥珀是中生代白垩纪（1.37 亿年）到新生代第三纪的松柏科树脂。大多宝石级琥珀是 1500 万～4000 万年形成的，时代最老的琥珀产自黎巴嫩，形成时间大约距今 1.35 亿年。

天然绿珀吊坠

琥珀吊坠

不同琥珀的组成有一定的差异。琥珀是一种非晶质体，能形成各种不同的外形，原料形状有瘤状、水滴状、结核状或各种不规则形状等。表面可见一些树木年轮或表面具有放射状纹理，有的表面呈砂糖状。砾石状的琥珀有一层不透明的皮膜，琥珀常常产于煤层中。

琥珀的熔点为150℃ ~180℃，燃点为250℃ ~375℃。就是说琥珀在150℃时开始变软，250℃时熔融，产生白色蒸气。琥珀熔化后产生的气体有一种芳香味。琥珀易溶于硫酸和热的硝酸中，部分溶于汽油、乙醇、酒精和松节油中。琥珀的颜色有蜜黄、浅黄、黄至深褐色、红色、橙色、白色。淡紫色、蓝色、绿色的琥珀较为少见。琥珀的颜色主要与琥珀的年代、温度、所含的成分等有关。琥珀受热颜色会加深，年代久远的琥珀因氧化颜色会加深。含有木屑的琥珀颜色深，含有黄铁矿的琥珀颜色深，含有大量的腐殖土会分解大量的硫磺酸也会加深琥珀的颜色。琥珀酸的含量越少，琥珀颜色越显得透明清澈。火山附近的琥珀，受到土壤中的硫化物成分影响，带有荧光特点，例如西西里岛靠近埃特纳火山的琥珀有荧光，是最具有代表性的。根据琥珀种类的不同，经长期佩戴后，淡黄色的琥珀会逐渐变深，而黄色琥珀又会带红色。一块琥珀上可以有两种或者两种以上颜色及色调，这些不同的颜色有的能组成可以和艺术大师作品相媲美的图案。正是基于以上因素，琥珀成为一种独特的、富于变化的魅力宝石。

精雕琥珀手镯

蓝珀吊坠

琥珀吊坠

琥珀吊坠

光泽

琥珀的原料有树脂光泽般的滑腻感，经过加工抛光后为树脂—玻璃光泽。琥珀跟其他玉石一样需要长期佩戴，若是长期存放，则会失去其原有的光泽。

透明度

琥珀透明度从透明到半透明、不透明都有。因为新鲜树脂的颜色是以黄色为主的，因此琥珀的原料也是透明的带黄色调。所有琥珀中大约有10％是这种透明琥珀，但是通常都是小块的，大块

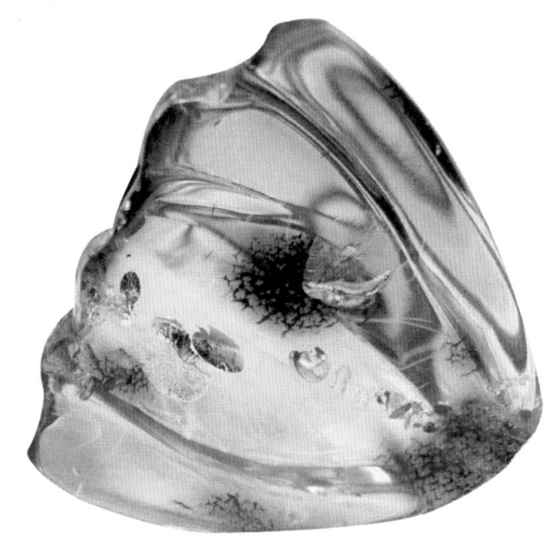

琥珀

天然琥珀

天然琥珀佛珠

并且透明的琥珀是非常罕见而珍贵的。透明琥珀的色调可以从黄色到暗红色，颜色的深浅取决于氧化的程度，氧化程度越高，琥珀的颜色越深。

折射率

琥珀的折射率为 1.54，长波紫外线下具浅蓝白色及浅黄色、浅绿色、黄绿色至橙色荧光，从弱到强。贝壳状断口，韧性差，外力撞击容易碎裂。琥珀与绒布摩擦会产生静电，因此可把细小碎纸片吸起来。琥珀的导热性差，所以琥珀不像其他宝石感觉发凉，而是有温感。

琥珀的内部常常包含有许多包裹物，有一些是肉眼可看见的。内部包裹物主要有动物、植物、旋涡纹、气液包体、杂质、裂纹等。透明琥珀内部经常能发现叶状的包裹体。

琥珀包含的动物包裹体主要有苍蝇、蚊子、蜘蛛、蜻蜓、甲虫、蚂蚁、马蜂等多种动物，这些动物或是完整的或是残肢碎片。植物包裹体有种子、果实、树叶、伞形松、草茎、树皮等植物碎片。琥珀内部常见椭圆形或圆形气泡，其中蜜蜡所含的气泡最多。当树脂是在一个阴凉的地方产生的时候，最后所形成的琥珀会成为透明琥珀，因为这种情况下树脂挥发得非常缓慢，不会产生大量气泡而使琥珀变浑浊，

黄褐色天然吊坠

琥珀吊坠

天然琥珀吊坠

从而保持了透明的状态。如果树脂是连续不断流出并互相叠合在一起，则会在琥珀中形成许多叶状结构——琥珀中常见的包裹体，即通常所说的太阳花。旋涡纹多在昆虫或植物碎片周围出现。裂纹在琥珀中经常可见，而且多被褐色的铁质和黑色的杂质充填，杂质常充填在琥珀的空洞和裂隙中，这些杂质主要是些泥土、碎屑、沙砾。

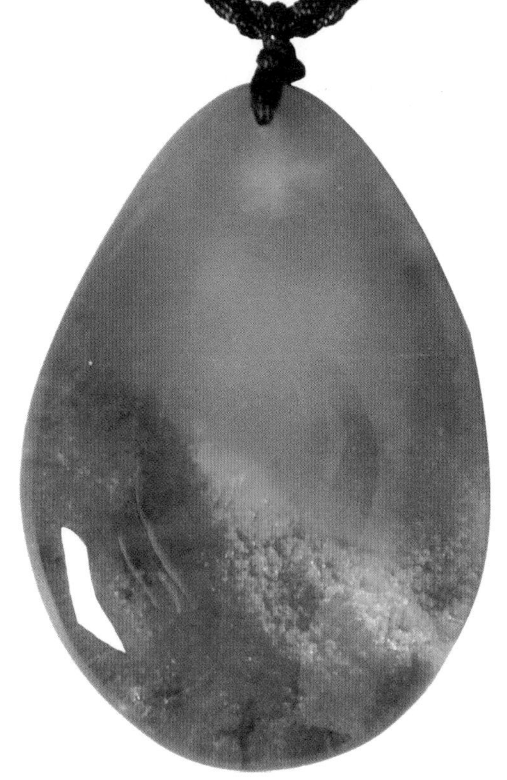

天然琥珀吊坠

琥珀的开采与加工

琥珀的开采

波罗的海沿岸琥珀含矿层是未成岩的泥炭层，厚度一般为 4 米 ~5 米，最厚达十几米。琥珀呈团状、层状分布，大的可达 2 米 ~3 米，而一般的为 0.5 米 ~1.5 米，琥珀层的上部为疏松的泥沙。当地的开采一般是露天或坑采，开采时沿含琥珀的矿层用机械开采、开掘。

因为开采方便，采琥珀的人每天都收获颇丰。一个工人每天大约能采到上百千克的原料。靠近海边的含矿层经过海水冲刷，琥珀有时可被冲出，可以直接捡到。而且在海边也常常可以看到漂浮着的许多工人选剩的琥珀碎料、废料。目前国内琥珀市场上的琥珀大多是产自波罗的海的，颜色以黄色为主，呈透明或半透明状，有极少数呈绿色(有许多波罗的海绿珀是人工染色的）。

多米尼加琥珀 1949 年开始进行商业性开采。多米尼加出产的琥珀由于地理原因，只能人工开采，产量稀少，在我国极少见到，因此也成为资深琥珀收藏者追逐的目标。

我国抚顺琥珀主要产于抚顺市西露天矿，被称为“亚洲最大的人工矿坑”。由于琥珀夹杂在煤层中有几千万年，刚开采的琥珀原料外面往往是黑乎乎的一层。刚开采出来的琥珀和煤很难区分，因为刚出土的琥珀外表包裹着一层黑色的外皮，用刻刀刻开外皮，才可以看到

绿珀吊坠

天然琥珀吊坠

琥珀吊坠

金黄色的琥珀。由于爆破采煤时琥珀及其碎片会被掀露到地表，爆破之后机械采煤阶段的作业面上也会暴露出一些琥珀，因此，在采煤放炮的煤层掌子面（即采煤的工作面）上，常常可以看到琥珀及金黄色的琥珀碎片。抚顺当地人又送给西露天矿的琥珀一个雅号——“煤黄”。到了20世纪90年代以后，随着西露天煤矿的开采进入尾声，琥珀变得越来越少，所发现琥珀的自然块也越来越小。琥珀大多呈条带状、线状分布，用鹤嘴锤沿着琥珀分布线挖刨是采琥珀工人寻找琥珀的主要方法。

河南西峡是我国琥珀的另外一个产地，由于琥珀产自于白垩纪地层的砂岩之中，分布通常没有规律，但常常成窝地产出。有时几年都发现不到大窝琥珀的踪迹，但偶尔一次发现的一窝就能达到几百千克甚至上千吨。

琥珀的加工

琥珀是世界上最轻的宝石，只比人的指甲稍微硬一点儿，因此加工非常困难。工匠必须要把每块琥珀的形状颜色及特点考虑清楚后再开始抛光和加工。而琥珀加工后的效果也要取决于其材料本身的质量，因此挑选合适的琥珀原料进行加工也需要专业的技巧。我们现在所见到的琥珀工艺品都是经过必要的优化或者优化处理之后的状态。这种加工处理保持了琥珀原有的物理和化学性质，与地热自然产生的结果完全相同。

琥珀的加工主要取决于琥珀采掘出来后的大小、形状和内部所含的包裹体的特征。一些块度较大的或者含有特殊植物包体、昆虫的琥

琥珀吊坠

花珀吊坠

珀则可能会被用作雕刻或者被原块保存。大量的琥珀被加工成各种形状的饰品，琥珀的加工主要分为不必雕琢的加工和需要雕琢的饰品加工两种。不雕琢的饰品大多是根据形状进行简单的抛光而成或直接原石保留，其中包括有素面首饰和原料的摆件。在琥珀中最常见的素面饰品有均匀的网环、各种形状的戒面或马鞍状戒面、挂坠、珠串。现在也有少量的琥珀被加工成小的刻面形的，一般见于项链中。雕琢饰品，一般要进行审料、设计、加工。审料就是要对琥珀的原料进行较为全面的研究，掌握原料的特点和变化。

其次根据琥珀原料的形状进行设计，设计就是除了注意原料的特点及变化外，还要注意原料的质量和造型是否能完美地结合。然后加工，加工是至关重要的环节，主要是琢磨、雕琢出设计好的造型。最后进行抛光，抛光不但取决于工人的熟练程度，还要对产品琢磨过程、造型特点、原材料性能有很好的了解，以决定采用的抛光材料。抛光好的饰品能够完美地体现饰品的价值。

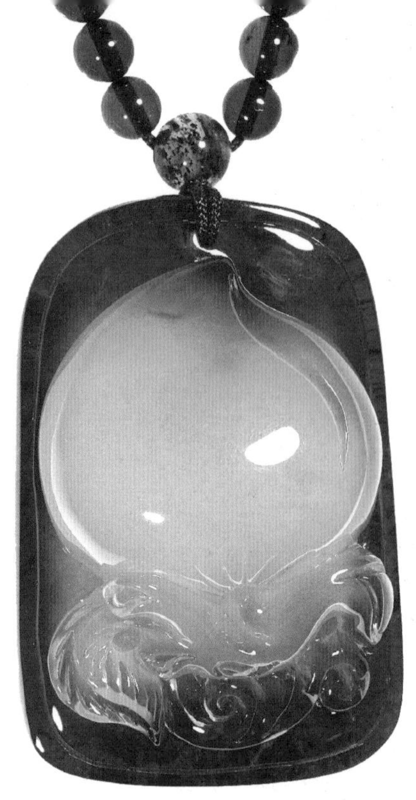

琥珀吊坠

琥珀雕琢纹饰

琥珀的雕琢纹饰主要有人物、动物、植物等。雕件有单面雕、两面雕。因为琥珀的透明度好，单面凹雕在琥珀中常见。人物以佛和观音为主，当然这样的雕琢纹饰也是人们喜爱的作品。佛的形象是方网脸、大耳垂肩、肩宽、胸部丰满、盘膝。弥勒佛的大腹便便、笑口常开也是人们喜闻乐见的造型。观音有水月观音、东海观音等。另外还有貔貅、壶、白菜、鱼、历史人物、十二生肖等造型。

老花琥珀摆件伏虎三聚罗汉

琥珀吊坠

琥珀龙纹摆件

琥珀树根摆件

琥珀的应用和功效

琥珀的装饰作用

经过在大自然中几千万年以上的演变而形成的琥珀，自古以来就是欧洲贵族佩戴的传统饰品，代表着古典、高贵、含蓄的美丽，也是欧洲文化的一部分。只有皇室才能拥有琥珀，琥珀被用来装点皇宫和议院，成为一种身份的象征。

琥珀手链

虫珀吊坠

琥珀吊坠

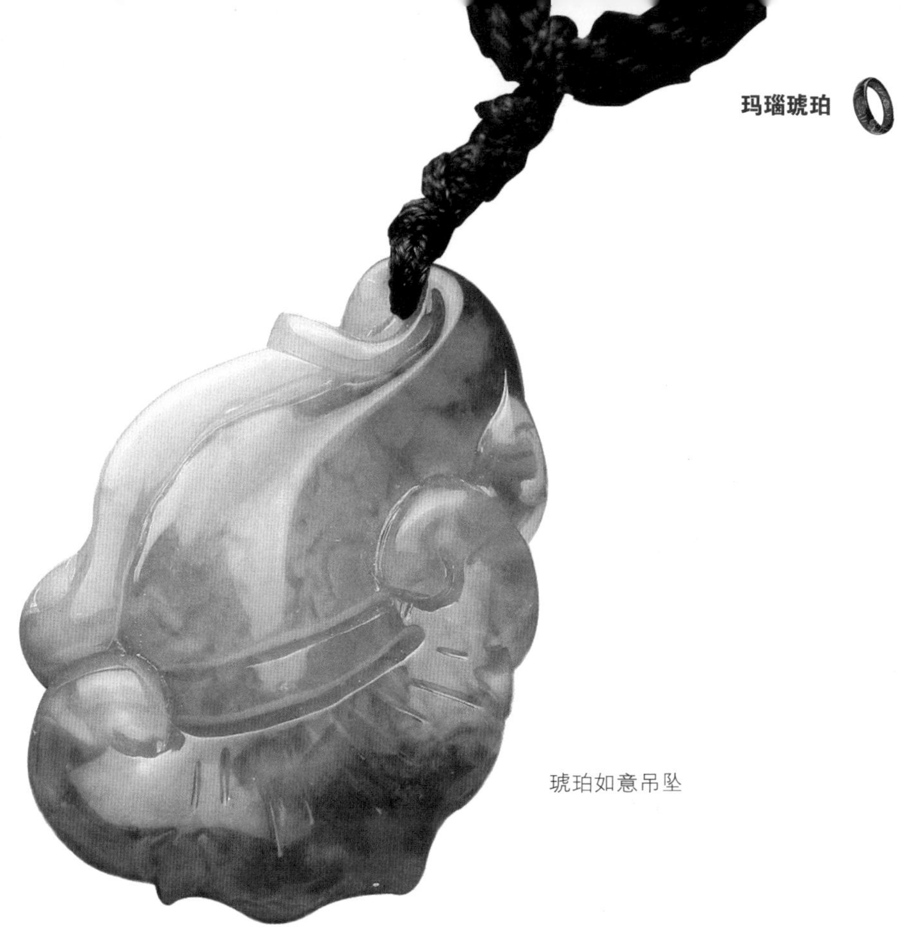

琥珀如意吊坠

人们用大颗的琥珀珠穿成婚礼项链作为结婚时必备的贵重珠宝和情人间互赠的信物。自13世纪以来，琥珀被大量用作装饰品，这些装饰品主要由一大块琥珀雕成，然后再镶嵌上宝石和金银细丝，例如女帽箱和化妆盒、高脚杯、眼镜框等。莫斯科、柏林等地的博物馆里都收藏有非常美丽的古代琥珀工艺品。

而琥珀早在我国古代就已经经常作为达官贵人常用的玩物和佩戴的装饰品出现了。根据考古资料记载，早在战国墓中就有琥珀珠出土。而汉代之后的琥珀制品就更多了。《南史》中记载潘贵妃的琥珀钏一件，价值相当于现在的170万元。琥珀的珍贵由此可见一斑。唐《西京杂记》记载，汉成帝后赵飞燕使用琥珀枕头以摄取香味。在中国，琥珀一直作为一种传统的玉料被使用，而且据说清朝官员帽上的顶珠也是由琥

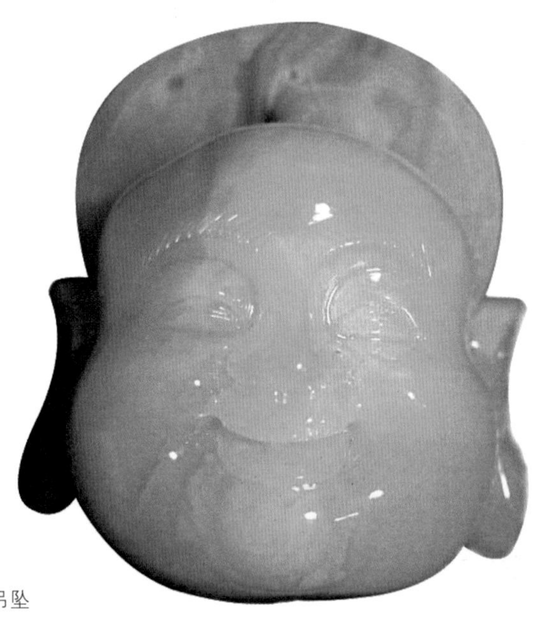

蜜蜡佛头吊坠

珀制成的。直到现在，人们对琥珀的喜爱之情也是有增无减，而用琥珀雕制而成的各种工艺品，也是令中外消费者喜闻乐见的。

说到琥珀的装饰作用，不得不提的就是世界上著名的“琥珀屋”，琥珀屋是普鲁士国王弗雷德里克一世在 1709 年下令建造的。当时的普鲁士国王为了效法法国皇帝路易十四的奢华生活，就命令最有名的建筑师建成了光彩夺目、富丽堂皇的琥珀屋，琥珀屋面积约 55 平方米，共有 12 块护壁镶板和 12 个柱脚，全都由当时比黄金还贵 12 倍的琥珀制成，总重至少达 6 吨，琥珀屋同时还饰以钻石、宝石和银箔，可以随意拼装成各种形状，堪称世界一绝。

1716 年，普鲁士国王为与俄国结盟，就将这件稀世珍品赠送给了俄彼得大帝。彼得大帝将琥珀屋收入俄国宝库。18 世纪中叶，叶卡捷琳娜二世下令对这座琥珀屋进行修建，修建之后的琥珀屋更加华丽，可以说是巧夺天工。然而 1941 年秋天，纳粹德军攻入圣彼得堡，将王宫中的琥珀屋拆卸下来，装满 27 个箱子运回了德国哥尼斯堡。1943 年，战局急转直下。琥珀屋重新落入苏军之手，再次被拆卸装箱，分别藏在条顿骑士城堡和附近的防空洞里。二战结束后，琥珀屋（据估计价值 1 亿 ~ 2.5 亿美元）下落不明，从世人眼中神秘失踪了。

传说中的“琥珀屋”（局部）

琥珀屋（局部）

直到近些年，专家们克服重重困难，经过 25 年努力，于 2003 年将琥珀屋的风采重新展现在世人的面前。重建后的琥珀屋立起来足足有 8 米高，整个工程动用了整整 6 吨的琥珀、宝石。据说新建成的琥珀屋比之前的更加光彩夺目。

“琥珀屋”失踪之谜

琥珀屋的离奇失踪留给世人一系列的谜团。琥珀屋究竟是毁于战火之中，还是仍然藏在世界上的某个角落里，等待着人们去发现？当然这些问题一直都悬而未解。

有的人认为，1945 年苏联红军发动攻势时，炮弹击中了哥尼斯堡，琥珀屋早已毁于战火之中，但一位苏联老兵和俄罗斯文化基金会的一位顾问认为，在哥尼斯堡被攻下之前，城堡已经起火，城市被攻下后城堡连续烧了 3 天。这位老兵曾听一位德国看守人说过，琥珀屋拆下的壁板已经被装箱，还没有来得及运走，一直都放在城堡的地下室里。

苏联红军肯定不会烧毁自己国家的珍宝，这就说明当时一定有另一支秘密部队，很可能是纳粹分子的地下秘密组织，执行了纳粹政府的命令。当时红军正处在生死攸关的战斗中，哥尼斯堡有着复杂的堡垒要塞系统，他们当时还不能完全控制局势。大火从市郊向城市中心蔓延，苏联红军经过几个月的连续战斗，官兵们都已精疲力竭，德国军队守住了码头区域，城市人口几乎全部撤退了，整个地区陷入火海，到处是一片混乱。

假如有人趁这个时候偷偷将琥珀屋藏起来，还不让所有人注意到，是轻而易举就能做到的。不过这只是一种猜测，因为至今为止还不曾发现任何琥珀屋的蛛丝马迹。

1967 年苏联政府成立了一个特别委员会寻找琥珀屋和博物馆里的其他宝贵文物。它的总部设在莫斯科，但是进行具体寻找工作的却是在波罗的海地区的加里宁格勒考古探险队，探险队无法接触到许多高层秘密，而且他们的工作经常受到官僚主义的影响。这个探险队本身也属于一个保密单位，他们的工作内容也属机密。但即使是他们也无法接触到苏联被劫文物的有关秘密档案。这个考古探险队于 1983 年解散。

不过也有些人认为琥珀屋已经沉入托普利兹湖底，为此还有很多潜水员偷偷潜入湖底寻宝，但不幸的是大多数人因身陷水中被活活淹死。可是尽管如此，国际上的寻宝人却从未放弃寻找琥珀屋的下落。也许在不久的将来，这个悬而未解的秘密将会公之于世。

Amber

科学研究

琥珀的科研价值主要体现在对史前古生物学的研究。含有生物的琥珀是研究地质年龄、远古生态环境的珍贵标本，包括植物、昆虫和生存的气候环境等。最早的昆虫化石发现于距今3亿多年的泥盆纪中期，但无论是泥盆纪还是古生代和中生代的陆相沉积中，我们所看到的昆虫化石都是在受到沉积物的压力和地球内部的温度后形成的，它们的化石都是昆虫的甲壳质外壳。这些生物往往被挤压得只剩下一层薄薄的膜痕，远不如琥珀中那些植物和昆虫保存得那么完好。通过对琥珀中昆虫化石的研究，可以了解生存于远古不同时期昆虫化石群落的面貌和当时的生存环境，研究当时昆虫的不同物种和昆虫群落的生活习性，其中哪些物种延续进化到现在，哪些物种早已灭绝等。

琥珀吊坠

人们都知道，DNA 的发现与研究为研究生命的遗传作出了巨大贡献。而 DNA 在温带地区留下的古生物样本中只能保存几千年，在寒冷地区最多能保存 10 万年。由于琥珀给昆虫样本提供了一个疏水环境，这种环境大大减慢了 DNA 的降解。同时这种封闭环境，既保存了昆虫的水分，又使它们免受外界污染，这让科学家们成功地从在黎巴嫩发现的一块琥珀中提取了 1.25 亿年前生存的鞘翅目昆虫“象鼻虫”虫体的 DNA。

琥珀吊坠

科学家们甚至通过对琥珀气泡中的空气进行细微研究，发现当时地球上的氧气非常丰富，这解释了那时为什么会有恐龙等大

清代　琥珀茶壶

型动物的存在。而现在，地球上的空气氧含量在过去的 8000 万年里至少已经损失了三分之一。现代人类大量消耗矿产燃料和大量砍伐森林，特别是热带雨林的毁坏和缩小，很明显加速了氧气枯竭的过程。

琥珀中那栩栩如生的昆虫，能向人们展示史前大森林中的昆虫，以及亿万年来昆虫的演化过程，是地球上一部古老的史书。据说美国加利福尼亚大学生物学家对一块 4000 万年前波罗的海琥珀化石中包裹的小虫进行研究后发现，小虫腹部细胞内部结构完整无损，而且组织柔软如初。

金绞蜜貔貅吊坠

琥珀在工业上的应用

琥珀除了能做成精美的饰品之外，还被用在很多的领域当中，比如可以利用琥珀提取香料；加工制成漆料、琥珀酸；在电子工业中用作绝缘材料等。

琥珀的功效

琥珀吸收了日月精华和天地灵气，因此，琥珀对人体可以起到一定的调理作用。它们除了被用作装饰品或者被收藏观赏之外，还被人们当成稀有的药物。若论年代，真没有哪种宝石可以跟琥珀相媲美，琥珀长期被掩埋于地下，吸收了大量的地气和多种矿物质，具有很高的医用价值。

琥珀是佛家最崇尚的七宝之首，它们被认为有不可思议的灵气，代表健康、理智与长寿，可供佛、禅修、摄六尘、净六根。同时还具有强大的辟邪化煞能量，佩戴琥珀饰物能辟邪和消除强大负面能量，是经常外出的人们保平安的最佳饰物。琥珀由多种天然植物分泌而成，佛家历来注重保护生灵万物，并食以素羹淡饭，世间万物之中以生物链中最为低端的植物的精华琥珀为贵，他们盛赞琥珀所具有的祥和之气，认为琥珀是自然万物中的洁净之物，是敬佛修身的首选吉祥之物。

汉代　琥珀羊

琥珀吊坠

五彩多宝扁珠手链

所以出家人喜欢用琥珀制作的佛珠。在古老的西方，琥珀还曾作为除魔驱邪的道具。人们相信琥珀具有神秘的魔力，能辟邪保健，自古以来都被西方贵族所青睐，常作随身携带之物。

中医认为琥珀有安神定气的功用，且可杀菌消毒及避免传染病，所以也会被做成香或香环来使用，也有人磨成粉末拿来止鼻血、挫伤或火伤，但据说最有效的是在于预防喉咙

方面以及其他呼吸器官的疾病，所以常做坠子挂在喉咙附近。

用琥珀制成的烟盒和烟嘴，被认为能消毒。琥珀还具有防腐的神奇效果，琥珀作为防腐剂使用被发现于古埃及法老王的木乃伊中。此外，在古代，琥珀常被妇女作为保持肌肤嫩滑的美容之药。

琥珀吊坠

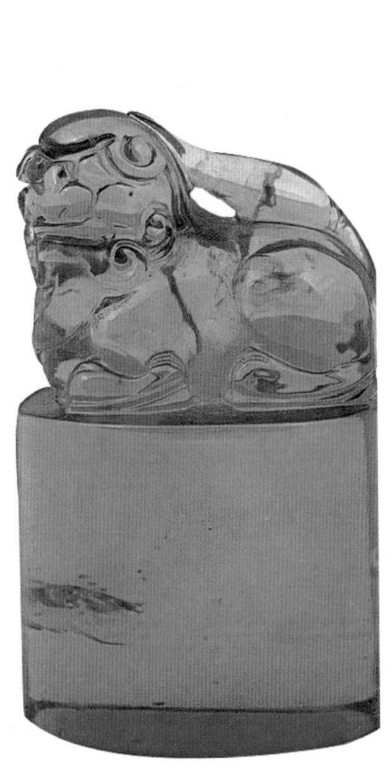

琥珀印章

从史书记载看琥珀的药用价值

南北朝·陶弘景《名医别录》曰："概括琥珀三大功效为：一是定惊定神；二是活血散淤；三是利尿通淋。"

元·朱丹溪《本草衍义补遗》曰："琥珀属阳，今古方用为利小便，以燥脾土有功，脾能运化，肺气下降，故小便可通，若血少不利者，反致其燥结之苦。"

明·李时珍《本草纲目》曰："可安五脏、定魂魄、止惊悸、消淤血、抗衰老、疗蛊毒、镇经安神、化痰利尿、活血化瘀、止血生肌、安胎养性。益筋骨疾病、风湿、安神、定惊、通风、咽喉痛和痿……。"

明·缪希雍《神农本草经疏》曰："琥珀，专入血分。心主血，肝藏血，人心入肝，故能消瘀血也。此药毕竟是消磨渗利之性，不利虚人。大都从辛温药则行血破血，从谈渗药则利窍行水，从金石镇坠药则镇心安神。"

清·张璐《本经逢原》曰："琥珀，消磨渗利之性，非血结膀胱者不可误投。和大黄、鳖甲作散，酒下方寸匕，治妇人腹内恶血，血尽则止。血结肿胀，腹大如鼓，而小便不通者，须兼沉香辈破气药用之。又研细敷金疮，则无瘢痕，亦散血消瘀之验。"

直到现在，中医仍用琥珀入药，用琥珀制作的中成药据统计有30多种，如琥珀安神丸、敖东安神补脑液。

Amber

Amber

第五章 慧眼识宝
——琥珀的鉴赏

琥珀的成品及选购

琥珀首饰

首饰主要是指人们佩戴的饰品，主要有戒指、手链、手镯、项链、脚链、耳环、胸坠、胸针、发夹等。

戒指

现在我们较为常见的琥珀戒指有两种：一种是用925银镶嵌琥珀而成的，另一种是整个指圈就是一块琥珀加工而成的。镶嵌戒指的款式琳琅满目，令人目不暇接。琥珀戒指的镶嵌有单颗爪镶、珠镶、包边镶。不管是男女老少都可佩戴琥珀戒指，目前主要的款式如下：

黑色镂空琥珀猫个性戒指

自然型

琥珀与其他彩色宝玉石，用金银镶嵌，呈花、草、树叶等大自然中植物、动物的造型。宝石丰富悦目的色彩与琥珀的闪亮形成鲜明的对比，整个戒指华美迷人。

简洁型

琥珀戒指的戒面可以是各种几何形状，有方形、马眼形、三角形、椭圆形、球形、不规则形等自然形。这些戒面可以用黄金、白银等金属包边镶或用简单的几个爪镶。这种款式既大方又实用，很能体现现代人不受任何传统限制和大胆追求的思想。

琥珀戒指

琥珀戒面

琥珀戒指

民族风情型

因材施艺制作的各种造型，有佛头、小葫芦、貔貅、十二生肖等作为戒面，用金银等金属材料镶嵌而成，体现了我们中华民族的元素。这样的戒指非常符合中国的玉文化，可以根据个人的喜好选择自己的最爱。戒指戒托可以是金银等贵金属，也可以是用中国绳结编制，很随意也很时尚，而且价格便宜，适合追求时尚的年轻人。

天然琥珀复古宫廷戒指

戒指选购

戒指是很重要的一种首饰，它比任何的饰品都更重要和普遍。这主要是因为戒指戴在人的手上，经常展现在人的视线当中，还因为戒指代表着非同寻常的意义，比其他的饰品更具代表性。

手指修长的人应选择橄榄形或方形的戒指，这样可以让手指变得更加秀美。手指短粗的人应该选重量适中、大小适中的马眼形或椭圆形戒指。不能选择做工复杂或过大的戒指。购买时应注意戒指圈口的大小，以不易脱落的橄榄形琥珀戒指为好，但也不能太小，若过小，长期佩戴容易导致血液不流畅，从而导致手指发胀，影响健康。另外还要从形状、外观、加工和工艺质量方面严格把关。看看戒面和戒托是否松动，周围小的配石镶嵌是否牢固，贵金属托上是否光滑，有无“砂眼”，金属爪是否钩挂衣物等。

琥珀戒指

琥珀戒指

琥珀戒指

琥珀手镯

手镯（手串）

手镯或手串可以改变服装的样式效果。琥珀手串的珠粒形状有圆形、椭圆形、不规则形等，有单排手串、多排串珠编制在一起成一只手串，也有的是用琥珀片穿成的排状。用线穿或用金银等贵金属镶嵌。也有的是一件琥珀雕成的各种造型，

琥珀蜜蜡手排

琥珀手镯

琥珀手镯

然后用编织的中国绳结连接而成。

琥珀手镯有圆形手镯，也有椭圆形的贵妃手镯，有窄条的，也有宽条的。由于琥珀的密度小，所以一般宽条手镯戴上不感觉沉重，而且美观，现在比较流行。

琥珀手镯

琥珀手镯

手镯（手串）的选购

首先要观察珠子的多少和大小是否跟你的手和胳膊相配，再看珠子的孔是否在中间，珠串的绳子质量如何和绳结是否系好。手镯的选购主要看圈口的大小，一般以套用一个塑料袋能轻松戴上为好，不能太松或太紧。当然一块琥珀料制作的手镯比拼接的要贵。瘦长胳膊的女性可戴两个或两个以上手串，双手单手都可以。手镯更适合穿长袖时佩戴。

蜜蜡平安扣

琥珀贵妃手镯

琥珀耳饰

琥珀耳饰主要有耳环、耳坠、耳钉。女士通过戴形状不同、长短不同、款式不同的耳饰能够调节人们的视觉，可使女性更加美丽动人，从而让女性更有吸引力。自古以来，大凡女性都用佩戴耳饰来美化自己。琥珀耳饰从结构上看主要有螺丝形、插针形、搭拍形和弹簧形。造型上有方形、长条形、点圆形、圆环形、不规则的几何形、花朵等动植物造型。特别是耳坠的造型多种多样，可长可短。

天然琥珀耳坠

琥珀耳坠

琥珀花形耳钉

天然琥珀耳钉

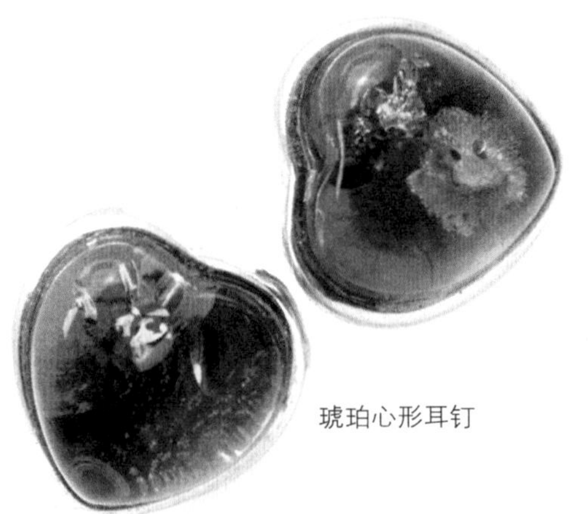

琥珀心形耳钉

耳饰的选购

弹簧型、螺丝型、搭拍形不需要有耳洞就可以佩戴，这样就满足了一部分没有耳洞女士的爱美之心。买插针形耳饰需要有耳洞，当然也得根据自己的脸型、发型选购。合适的耳环，会给脸部增加几分魅力和生气。瘦脸的女性佩戴耳饰是最适合的。大而圆的耳钉适合脸部消瘦的女性佩戴，脸型丰满的女士则不宜佩戴。长方形、椭圆形耳钉适合椭圆形脸。长的耳坠可以增加脸部的宽度，也能增加脸部的长度。这种耳坠需要佩戴后看效果。

天然琥珀耳坠

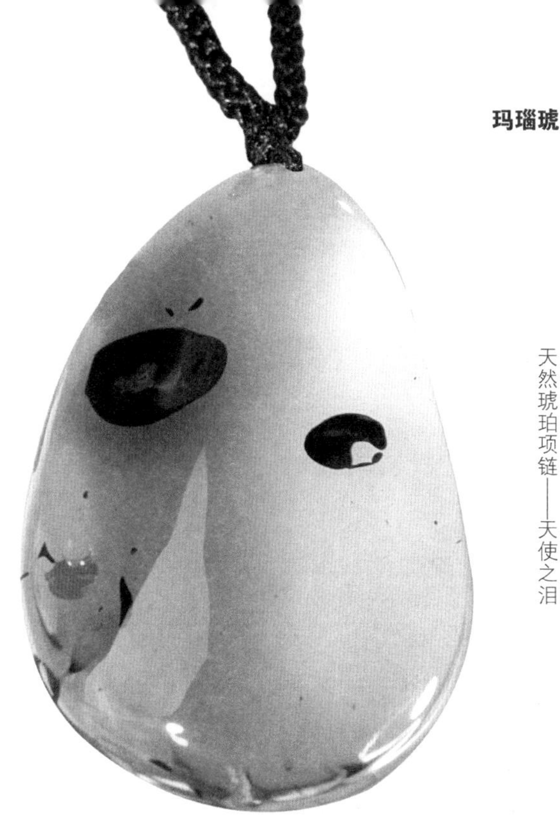

天然琥珀项链——天使之泪

琥珀项链

项链有单套和双套之分，其中单套项链根据长度又可分为长项链和短项链。根据珠子的形状，琥珀项链有圆珠串珠项链、随意形项链，有单色珠项链也有多色珠间隔穿成的项链。珠子的大小有渐变式的，也有一致的，还有大小分段串珠编制在一起的项链，用金、银间隔穿几颗琥珀珠的项链。可谓款式多种多样，是当前最为符合流行趋势的首饰。这些琥珀珠有椭圆形、圆形、柱形等，不论年轻的或年老的人都可以佩戴。现在长项链比较流行，可以和时装搭配，起到画龙点睛的作用。也有用银和宝玉石与琥珀镶嵌在一起而成的项链，这种项链能彰显另一种风格。

天然琥珀项链坠

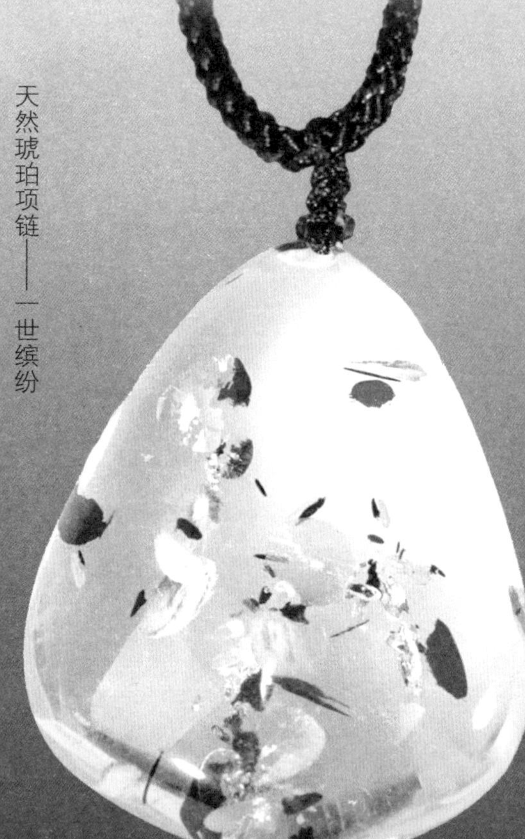
天然琥珀项链——一世缤纷

天然琥珀项链——红绀碧花

双套琥珀项链由一条长的和一条短的两条琥珀链用一个特殊的链扣固定在一起。一般来说，双套项链比较昂贵，佩戴后更显美丽和高贵。

多串琥珀编制在一起的琥珀链，珠粒粒径一般较小，有球形的、长条形的、圆片形的，项链形状有的编制为平行带状、有的扭成麻花状。这样的项链琥珀珠都是小的随意形琥珀做成的，有的项链还在中间编一个花结，佩戴时可调整长短。

精雕琥珀项链

项链的选购

在选购琥珀项链的时候，要视自己的经济状况而定，然后再按照自己喜欢的款式去挑选。如果有能力挑选价位比较高的，不妨选择自己较为中意的颜色和款式。其中项链的珠粒越大越好，瑕疵越少越好。质量好的琥珀无杂质、无裂纹。

精雕琥珀项链——挪威森林

天然琥珀原石

琥珀服饰饰品

清朝时期，皇太后、皇后在非常隆重的场合中需要穿朝服，还必须要戴三串朝珠，其左右两串为珊瑚；而皇贵妃、贵妃、太子妃等，中央一串为琥珀，与太后的东珠要区分开。

我国藏族、蒙古族、彝族、回族等少数民族的饰物有很多琥珀、珊瑚和绿松石。喇嘛的饰品以繁缛为特征，从头到脚都是镶蜜蜡、绿松石、珊瑚、翡翠等装饰品。

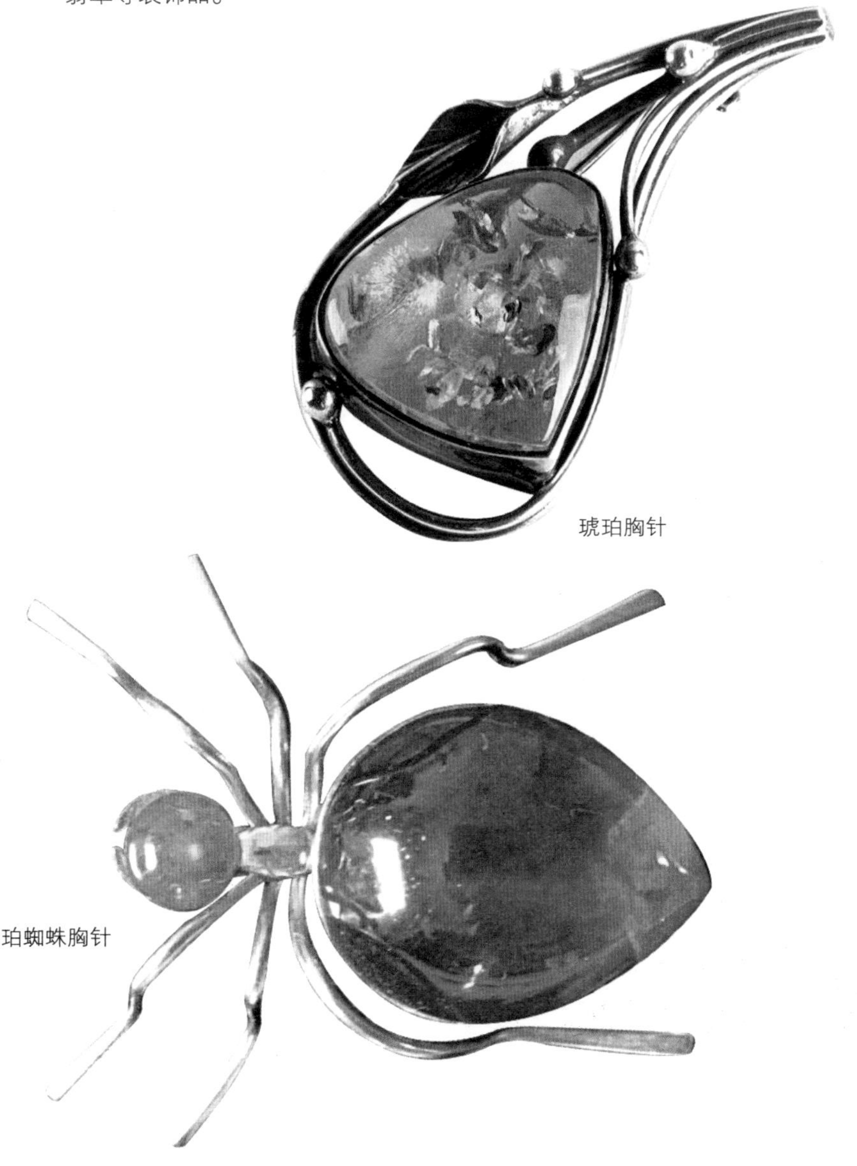

琥珀胸针

琥珀蜘蛛胸针

千手观音琥珀摆件

清代　琥珀雕羊

琥珀封侯摆件

清代　琥珀摆件

琥珀摆件

琥珀摆件一般都是放在桌子上或者置于玻璃的陈列橱里用来观赏。一件工艺精湛、用料上乘、构思巧妙的工艺品，放在居室或厅堂会使居室满堂生辉。琥珀摆件用料大、好，艺术价值就非常高。琥珀摆件的设计应根据琥珀的形状、大小、颜色来选择雕刻的题材和造型。琥珀摆件主要有寿星、佛、观音、琥珀球、人物、动物，也有桌椅、屏风、书架等表面的百宝嵌。琥珀摆件都是经过艺术家精雕细刻而成的，每件摆件的雕工都非常精致，人物、动物的形象也栩栩如生。

琥珀摆件

老琥珀蝴蝶摆件

琥珀三娘教子

摆件的选购

琥珀摆件的价格要高一些，主要根据个人的喜好和雕工的好坏来选。一般是摆件越大收藏价值越高，还有就是名师的作品升值空间更大。

饰品的佩戴

在古代，人们佩戴各种饰品，不只是为了装饰，最主要的是当时的人们相信这些天然的宝石具有灵性，能医治百病、驱魔辟邪、给人带来福气，是生命的保护神。而现在的人们佩戴琥珀首饰除了美化自身之外，也是收藏和投资的一种手段，或者当作传家之宝，代代相传。

琥珀吊坠

近年来，我国的琥珀饰品琳琅满目，令人目不暇接。人们已经不再仅限于穿金戴银，而且对时尚的需求也越来越高。女性佩戴珠宝显得更时尚、更有魅力，可以得到无与伦比的精神满足，佩戴珠宝可以证明自己的成功。不过佩戴珠宝也是有很多讲究的，不同的发型和服装就需要选择不同款式的珠宝饰品来相配，这也许早就是女

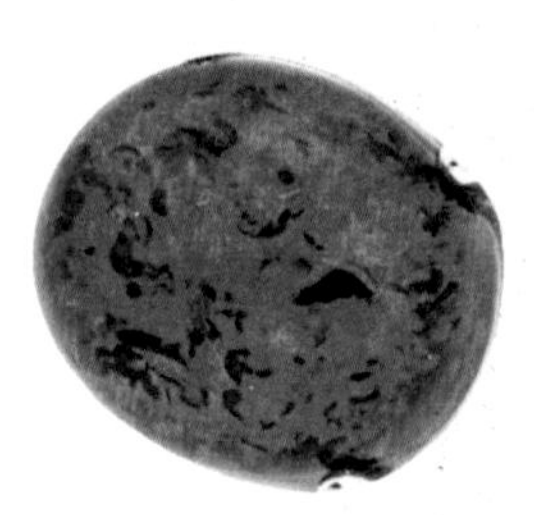
天然血珀戒面

天然琥珀吊坠

性的必修科目了。不仅如此，随着社会的发展，还出现了很多中性饰品。很多的琥珀饰品不仅适合女性也适合男性佩戴。不同的珠宝或同一种珠宝不同的款式与不同性格、年龄、脸型、服装、季节、肤色等搭配具有不同的效果。

饰品与年龄

年龄稍长些的人可以选择一些质量较好、做工讲究、款式豪华的琥珀饰品，这样的饰品通常可以长期佩戴，其中蜜蜡项链，还有一些中规中矩的戒指是不错的选择。

年轻人不妨选择一些款式新颖、色彩亮丽、具有个性的琥珀饰品，这样的饰品价格一般不会太高，可以随着潮流随时换成新的款式。如年轻人选择琥珀饰品多是一些雕花的或有小动物图案的耳坠或吊坠、胸针，带有太阳花片的或不同颜色搭配在一起的串珠状的手链、脚链和毛衣链等。

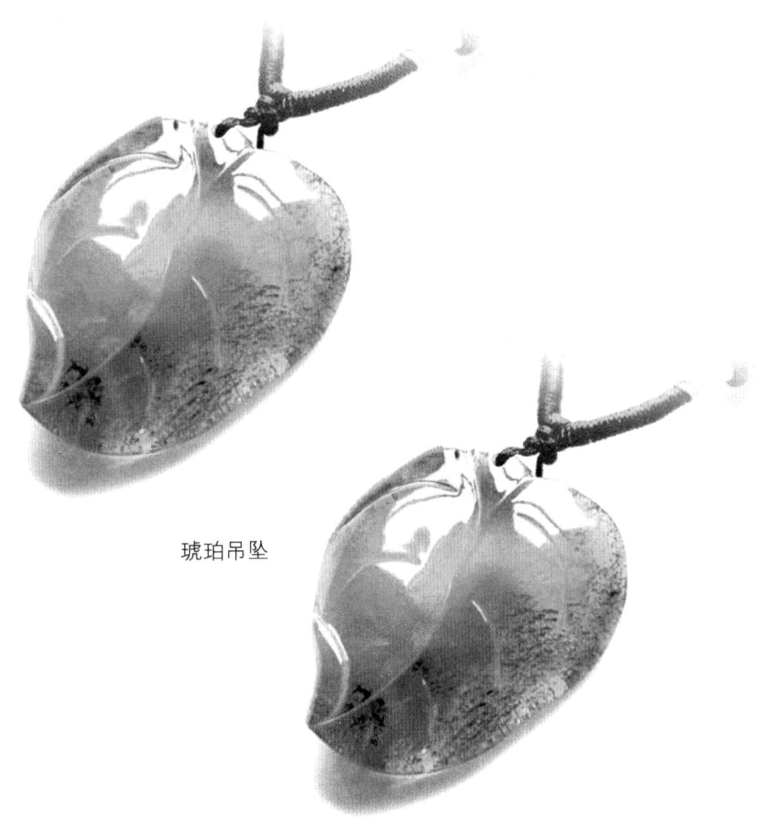

琥珀吊坠

金珀吊坠

琥珀耳坠

饰品与性格

琥珀饰品的佩戴跟人的性格也有着非常紧密的联系。比如性格内向的人大多会选择一些色彩素雅、造型看上去比较传统的首饰，而且买一件之后就会经常佩戴，不会经常变化。而性格外向的人则会选择造型较为新颖、夸张的琥珀饰品，这些琥珀饰品的颜色通常非常艳丽，看上去也非常时尚。因此性格开朗的女士应该选择一些比较独特的琥珀饰品，这样才能彰显出个性。

饰品与脸型

不同的脸型应选择不同的琥珀饰品佩戴，这样可以让女士显得更加妩媚动人，否则将会适得其反。短脸型的女子，选购首饰刚好和长脸型的人相反，应选购细长的首饰为宜，不适合戴圆形的饰品、颈链等。圆脸型的女子选购以拉长脸的视觉的首饰为宜，应选细长的饰品或带挂件的项链。长脸型的人戴首饰应该使脸看上去是横向加宽的饰品。有这种效果的有颈链、双套式、多套式琥珀项链。耳环要大而圆形的。

瓜子脸的女子比较好选购首饰，一般款式都比较适合。方脸型的女子应佩戴圆形的首饰，能增加一些女性柔和之美。

金黄爆花琥珀手镯

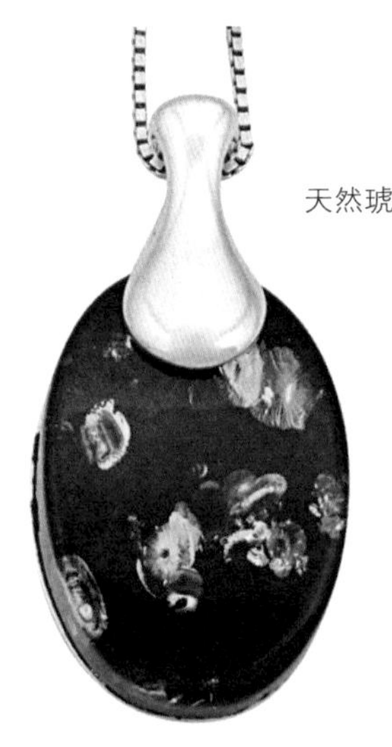
天然琥珀吊坠

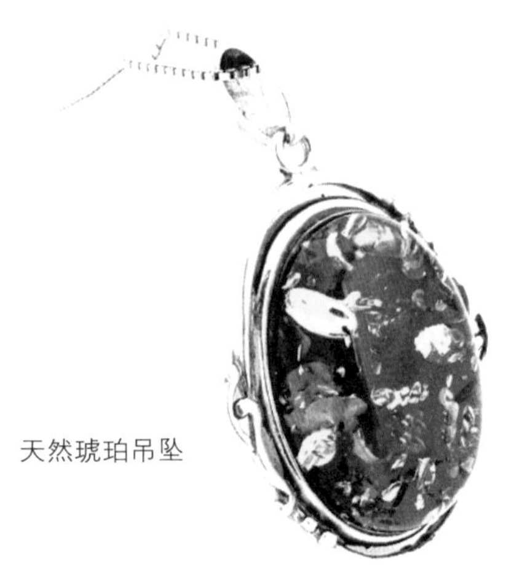
天然琥珀吊坠

饰品与服装

穿中式服装应戴手镯、珠状项链，穿西装应戴精致的小的首饰，穿时装时应佩戴夸张的大的首饰。穿毛衣应戴一些自然形状、粗犷的链饰。颜色鲜艳的服装应戴颜色浅一些的首饰。无论选用哪种颜色，琥珀都会有意想不到的效果。

天然琥珀吊坠

饰品与职业

佩戴琥珀首饰要因人而异，一般老板、企业经理佩戴一枚厚而宽的戒指是非常与职业相符的，不仅表明了他非常有实力，更彰显出他的地位。一个科学技术人员如果戴上厚重的板戒，就会显得有些不伦不类。如果你的职业又脏又累，就不适合戴琥珀戒指：一是容易弄脏，二是容易损坏。

饰品与季节

首饰的佩戴与季节也有一定的关系，比如夏天就要佩戴一些串珠状的首饰，而且要选择那些不宜被腐蚀的，给人感觉光滑、凉爽的琥珀饰品。夏天不宜佩戴刻面的项链，因为容易粘皮肤。值得一提的是，夏天也不适宜佩戴珊瑚和珍珠，因为这两种有机宝石的化学成分主要为碳酸钙，当人体在炎热的夏季流汗时，汗液中的酸性物质和碳酸钙发生化学反应，会使珍珠、珊瑚的表面发污，长此以往，首饰就会被损坏。不过琥珀在夏天就不会有这些问题了，琥珀是四季都适合的饰品。

血珀吊坠

饰品与肤色

皮肤比较白皙的应戴蓝色或粉色的首饰，欧美女士喜欢绿松石和浅粉色珊瑚的较多。黄色皮肤的人可佩戴绿色、

琥珀耳坠

琥珀吊坠

红色、白色饰品。例如我们国家的人们就对白玉和翡翠情有独钟，恐怕跟肤色的原因也有一定的关系。

饰品与发型

短发的人适合佩戴耳钉，选用项链还需根据个人的脸型而定。披肩发不宜戴长项链，应选用比较醒目的垂吊式耳环。中长发适合任何的项链和耳饰。

琥珀项链

天然琥珀耳钉

琥珀吊坠

琥珀蜜蜡吊坠

饰品与性别

男士追求粗犷，多选用戒指、大的胸坠或粗的项链、手串、手把件、皮带挂。女性追求细腻，多选用复杂、精细多样的饰品。

饰品的佩戴要搭配得当，不是越多越好。试想要是一位女士同时戴了许多珠宝，胳膊上既戴手串又戴手镯，而且手串和手镯颜色也不搭配，两只手上的每个手指都戴戒指，有的粗，有的细，有的大，有的小，戴的项链也是一个套着一个，各种颜色的都有，很显然，这样的搭配是会影响美感的。

琥珀的赏识

琥珀的光泽美

琥珀是最早用来作饰品的宝石品种之一。琥珀没有钻石夺目的光泽，它的光泽柔和，质地温润，具有无比的亲和力，是为数不多同时赢得男女喜爱的宝石之一。琥珀像玉一样温润，像水晶一样晶莹，拿在手中轻轻的，闻闻还有股淡淡的松香味。李白用诗句“且留琥珀枕，或有梦来时”“兰陵美酒郁金香，玉碗盛来琥珀光”来赞美琥珀。

琥珀吊坠

绿花珀戒指

琥珀的色彩美

琥珀的黄色就像蜜一般华贵而大方。琥珀洁净透明、晶莹剔透，让人感到清新舒爽、心

落英缤纷琥珀吊坠

金色年华琥珀吊坠

琥珀福禄双全摆件

琥珀螺丝吊坠

绪安定。蜜蜡温润如玉、内敛幽深。红色的血珀则温暖怡人。而在所有琥珀中最美的要数花珀，花珀就像一幅抽象画，散发着钻石般光泽的琥珀花，就像翩翩飞舞的蝴蝶飞在琥珀之中。国外的人们称琥珀是“水晶棺”，因为琥珀中包裹有植物碎屑和各种远古的小动物，小动物栩栩如生，植物的枝叶，一丝一缕，都清晰可见。琥珀可谓变化多端、异彩纷呈。戴上它，给人们一种安详恬静的心灵感受，可以说每块琥珀都与众不同，值得我们好好欣赏的。

琥珀的意境美

古今中外有不少文人墨客都用文字歌颂琥珀。除了具有宝石的风采之外，琥珀的美更在于它的内涵是含蓄的。琥珀以其浑然天成的古朴庄重之美，温润中透出典雅之气，深受人们的喜爱，被誉为“蕴藏古史之宝”。拿着放大镜观察和琢磨着一块块琥珀，看着远古年代的泥土、小昆虫无奈和孤独的身影、各种各样的细小植物，所有的这一切都使人产生无限遐想。琥珀不仅是一块美丽而高贵的宝石，更是唯一有生命的“活化石”，是一条通往古代神秘世界的时光隧道。它内部包含的动植物，不但深受收藏家喜好，更具有学术上的价值。琥珀在时间的雕琢下，颜色会更加红润，质地更加晶莹。拥有一块琥珀，遨游其中，看到的是一个变幻莫测的世界。神奇的琥珀，神奇的花，无人可以复制相同的琥珀和其中的琥珀花，大自然的造化就是这样神奇，深邃无底，令人永远捉摸不透。

琥珀的鉴定技法

由于琥珀的种类繁多，且质地不一，所以在市场上充斥着大量假货。那么掌握琥珀真假的鉴定技法就显得非常必要了。琥珀的鉴定相对于其他宝石是比较难的，因为琥珀的熔点低，酒精灯的热度就可把其熔化，所以给鉴定带来一些困难。但大量的实践和仔细观察，再结合一些方法，还是能够对琥珀进行鉴定的。其具体测试方法如下：

笑口常开琥珀手链

这个方法是鉴别琥珀真假的绝招，对琥珀比较了解的人自然而然就会有这种本事。琥珀透明温润，从不同的方向观察琥珀有不同的效果。琥珀不像玻璃、水晶、钻石那样具有通透性。仿琥珀要么很透明要么不透明，颜色呆板，感觉不自然。再造琥珀内部的气泡通常会被压扁而呈长条形，天然琥珀的内部气泡是圆形的。假琥珀内部人工制作的琥珀花很刺眼，会感觉到死气沉沉的冷光。以假乱真只是说说而已，接触琥珀时间较长以后，凭直觉就能辨别真伪。

老琥珀花开富贵摆件

老琥珀精雕十二生肖手链

琥珀珠

琥珀原石

硬度测试

用针成 20°～30° 角轻轻斜刺琥珀背面时（在琥珀不起眼或不会对琥珀造成伤害的位置），会感到有轻微的爆裂感和十分细小的粉渣。如果是硬度不同的塑料或别的物质，要么是扎不动，要么是有很黏的感觉，甚至可以扎进去。

琥珀玫瑰花形吊坠

相对密度测试

琥珀的相对密度为 1.08，质地很轻，把一个没有任何镶嵌物的琥珀放入饱和的盐水中不会下沉（一般是 1 ：4 的盐水即达到饱和），其他如塑料等仿制品的密度比饱和盐水重，都会在盐水中下沉。

折射率测试

琥珀是一种非晶质物质，所以是各向同性的，折射率通常是 1.54。而一般塑料等仿制品的折射率在 1.50 ~ 1.66 之间变化，很少有与琥珀接近的折射率。

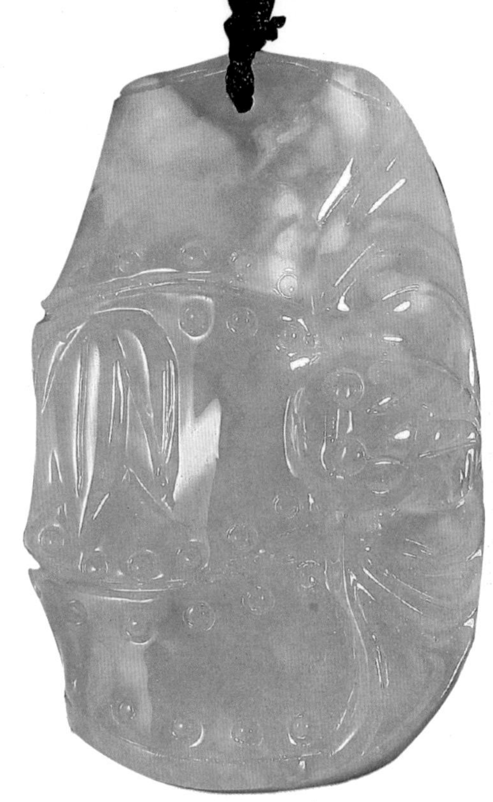

琥珀吊坠节节高升

声音测试

无镶嵌的琥珀链或珠子放在手中轻轻揉动会发出很柔和略带沉闷的声音。如果是塑料或树脂的声音会比较清脆。

香味测试

琥珀在摩擦时只有一点几乎闻不到的很淡的味，或干脆就闻不出。摩擦会产生香味的琥珀叫香珀。一般琥珀只有燃烧时才会散发出松香味。用打火机直接烧烫琥珀的表皮，会闻到松香味，并且琥珀的颜色会变黑。也可用一根细针，烧红后刺入蜜蜡或琥珀，然后趁热拉出，若产生黑色的烟及一股松香气味的就是真琥珀。若是冒白烟并产生塑胶辛辣味的即是塑料制品。另外在拉出针时，塑料品会局部熔化而粘住针头，会“牵丝”出来，真琥珀则不会。

琥珀手链

乙醚试验、红外光谱

在不影响琥珀外观的不起眼的位置滴一滴乙醚，停留几分钟，或用手搓，琥珀不会有任何反应，而柯巴树脂则会腐蚀变黏。乙醚挥发后，琥珀不会有任何反应，而柯巴树脂则会在其表面留下一个斑点。由于乙醚挥发十分快，有时必须用一大滴乙醚，或不断地补充。再造琥珀虽然外观很接近天然琥珀，但是如果抹上一点乙醚，几分钟后就会有发黏被溶解的感觉。而柯巴树脂对酒精也非常敏感，表面滴酒精后就会发黏或不透明。另外柯巴树脂的红外光谱与琥珀有较大的差异。琥珀的特征吸收峰位于 $1737cm^{-1}$ 和 $1157cm^{-1}$ 左右的强红外吸收谱带，及 $1456cm^{-1}$ 和 $1384cm^{-1}$ 附近的特征红外吸收谱带，曲线相对平滑。柯巴树脂红外图谱的主要峰位发生偏移，在 $3078cm^{-1}$ 处出现不饱和氢的特征吸收峰。测试琥珀的红外光谱主要是用溴化钾粉末法，属于微损鉴定，一般要征得客户的同意才能进行。

花仙子琥珀吊坠

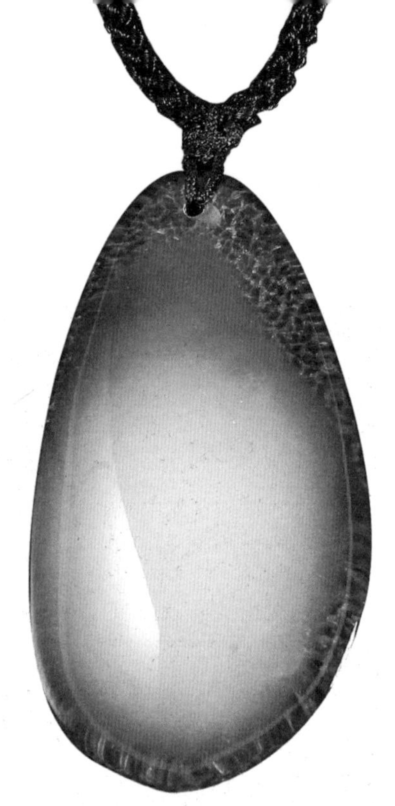

云雾仙境琥珀吊坠

琥珀吊坠

不过以上实验应或是不做或是少做，以免对琥珀造成损坏。购买时如果拿不准，还是请商家出具国家级的质量鉴定证书为好。

琥珀的优化处理

现在市场上对中低档的琥珀需求量很大，尤其是对一些流行饰品的需求。但是因为天然琥珀的质量都不算好，因此为了提高琥珀的质量和利用价值，就需要对琥珀进行优化处理。市场推动了琥珀处理技术的发展，于是市场出现了优化处理的琥珀。目前琥珀的优化处理主要有热处理琥珀、烤色处理琥珀、压清处理琥珀、染色处理琥珀、再造琥珀、覆膜处理琥珀等。

热处理

琥珀热处理的主要目的是为了让琥珀变得更加透明，隐藏琥珀内的瑕疵，使琥珀的颜色达到我们想要的一种效果。为了达到这种视觉效果，需要把云雾状的琥珀放入植物油中，用适当的温度进行加热，加热后，琥珀的透明度变得更高，在这个过程中会因温度使得琥珀内部的天然气泡产生变化，如爆裂或膨胀，因而形成不同形状的内部花纹，俗称“太阳花”。通常看到的“太阳花”或“睡莲叶”就是在加热过程中产生的叶状裂纹。不过这些裂纹不会影响琥珀的质量，反而会让琥珀在阳光的照射下发出夺目的光芒，变得更加美观。这是一个加速其内部净化的过程，与在自然环境中发生的相似。到目前为止，我国珠宝行业的国家标准规定经过热处理的琥珀是属于优化，因对琥珀本身的物质成分不会造成任何影响，无须做任何说明，可以作为天然宝石出售。

多色宝塔形琥珀吊坠

流光溢彩琥珀吊坠

烤色处理

所谓琥珀烤色就是对琥珀表面颜色进行系列的优化处理，以达到改善琥珀颜色的一项工艺技术。这项技术通常是为了改善血珀的颜色，原因是天然血珀颜色普遍较差，美观度很低，而使用烤色优化后的血珀，有着深红色色泽，魅力非凡。这种对琥珀表面颜色的优化处理技术已经得到国际认可，世界范围内都在使用这种技术，它极大地改善了血珀的美观度，推动了血珀的广泛使用。

压清处理

琥珀的压清处理是指对不透明的琥珀材料进行加压、加温处理，使其内部气泡溢出，变得澄清透明。

琥珀项链

染色处理

染色是为了仿制老化的琥珀，也有染成绿色或其他颜色的。染色属于处理，染色琥珀价格要比天然没有经过染色的便宜。

再造琥珀

因为某些天然的琥珀块度太小而没有办法加工成产品，为了使这些天然的小块琥珀不被浪费掉，就需要将这些小块琥珀在一定的压力和温度下烧结而形成较大块的琥珀，称为再造琥珀，亦称熔化琥珀、压制琥珀或模压琥珀。为了保证琥珀的透明度和纯度，首先要将琥珀提纯。在压制过程中还可添加其他的有机物，如香精、燃料及黏结剂等。这个过程目前还是在高压炉里进行的，用高压炉进行优化处理的方法做到了一些过去做不到的事情，例如两块天然琥珀之间可以达到完全无痕的结合。经这种方法制作的琥珀块完全看不出来它们是被粘连在一起的。

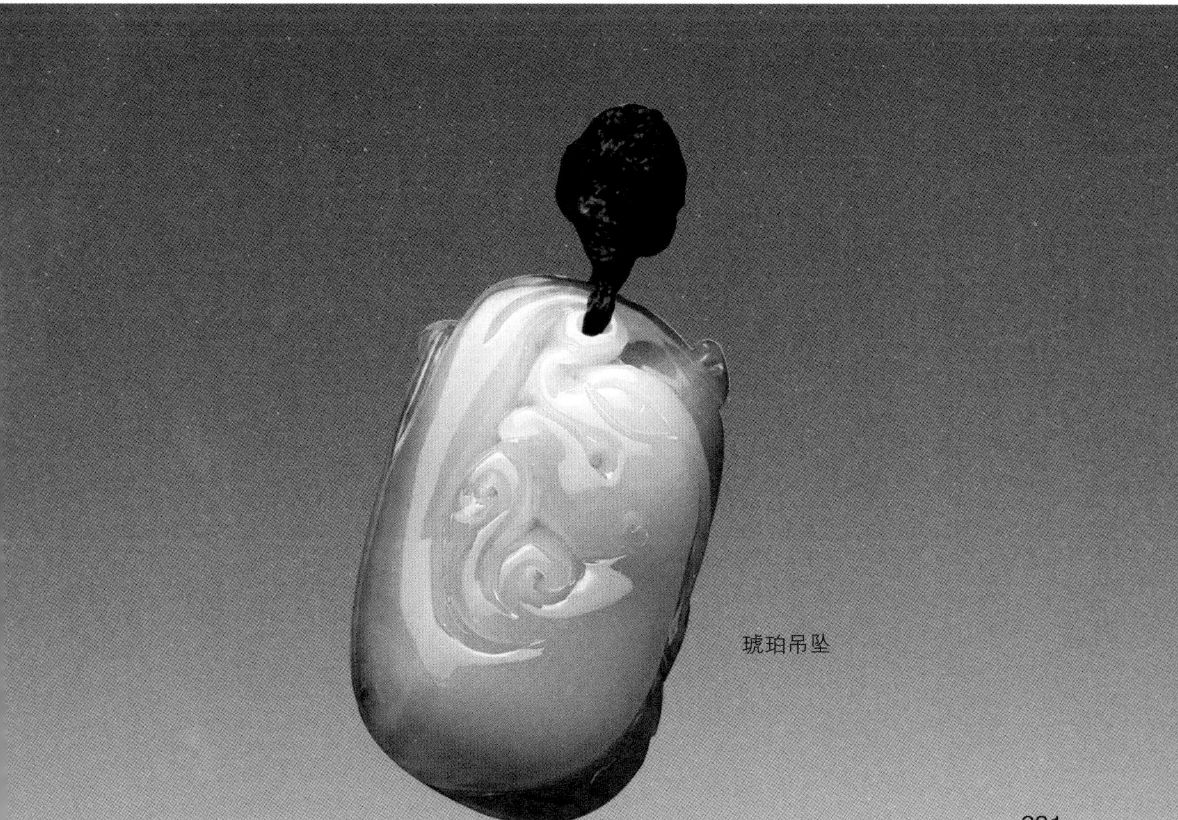

琥珀吊坠

再造琥珀的鉴别特征

天然琥珀鉴定过程中最难的是天然琥珀和人造压制琥珀的区别，人造压制琥珀价值远低于天然琥珀。

再造琥珀的鉴别特征：

1. 再造琥珀常含有定向排列的扁平拉长气泡和明显的流动构造或糖浆状搅动构造。琥珀颗粒间可见颜色较深的表面氧化层，有时含有未熔化物质。天然琥珀内的气泡为圆形，含有动植物碎屑。

2. 放大观察，再造琥珀具有粒状结构或“血丝状”构造，在抛光面上，可见因硬度不同而表现出凹凸不平的界限。部分再造琥珀颗粒结构明显，肉眼可见，反映在颜色上为琥珀颗粒上不同颜色呈相间相绞状分布或团块状分布，颜色分界线明显。

3. 在偏光仪下天然琥珀为单折射，为均质体现象，再造琥珀可见应变双折射现象。在荧光灯下，天然琥珀为浅蓝色、白、浅蓝或浅黄色荧光。再造琥珀为明亮的白垩状蓝色荧光。再造琥珀的颜色一般为橙黄色或橙色。

4. 短波紫外线下，再造琥珀比天然琥珀的荧光强，再造琥珀为明亮的白垩状蓝色荧光，由于荧光的不均匀发现有粒状结构。

Amber

覆膜处理

琥珀的覆膜处理主要有两种：一种是在琥珀表面喷涂一层亮光漆，以冒充不同深浅红色的血泊、金珀等；另一种是在琥珀底部覆上色膜，是为了提高浅色琥珀中“太阳花”的立体感。鉴定特征是喷涂的颜色层和原来的琥珀之间没有过渡色，而且覆膜琥珀表面的颜色层浅，只要注意观察就能够发现。

充填处理

充填处理是指在琥珀的裂隙或坑洞中充填树脂。鉴定特征是充填的地方有明显的下凹。

压固琥珀

因为树脂的凝固时间不一样，可能会形成分层，层与层之间有明显的分界线，这种琥珀脆性大，难雕刻而且易碎。所以在加工这种琥珀时，就要进行加压、加温处理，使得分界线界面之间重新熔结变得牢固。鉴定特征与再造琥珀有些相似，但压固琥珀有明显的分界线，还有流动状红褐色纹。压固琥珀是天然的分层琥珀，再造琥珀是琥珀碎块熔结的，二者有本质的区别。

天然琥珀玫瑰花吊坠

琥珀仿制品

仿制品是让所有消费者深恶痛绝的，很多人因为不懂得辨别，常用真琥珀的价钱买到仿制品。不过仿制品却也在某种程度上满足了人们美化生活的愿望。人们可以用很低的价格换来与天然饰品一样的效果甚至更好。但一些不法经销商唯利是图，常常以次充好、以假充真。那么对这些仿制品有所了解就显得尤为重要了。

波兰琥珀仿制品

波兰产的琥珀非常有名，这里还有广为人知的“琥珀之城”——格但斯克。然而早在 20 世纪 40 年代，战后的波兰就出现了大量琥珀仿制品。当时许多小型私人作坊制造仿制琥珀。20 世纪 60 年代开始大规模用聚酯树脂制造琥珀仿制品，聚酯树脂呈金黄色而且完全透明，制出的仿制品是非常成功的。后来又开始将小的、无法使用的琥珀碎片做成“粘贴琥珀”，或者生产聚乙烯琥珀仿制品。

清代　龙腾虎跃琥珀摆件

二龙戏珠琥珀摆件

波兰仿制琥珀制品中最为常见的是聚乙烯树脂，其密度和琥珀的密度几乎相同。起初这种仿制品被用来保存古董琥珀制品，修复琥珀家具、琥珀化妆盒和琥珀圣坛等，后来由于原料紧缺，更多被用来粘贴多层琥珀块和填补吊坠、项链上不规则部分的缝隙等。

用这种材料制作的旅游纪念品包含了天然琥珀成分的昆虫和添加剂、贝壳及其他有机成分。聚乙烯树脂常用来制成不同物件和装饰品，如首饰盒、桌面摆件和裁纸刀等。它们的尺寸很大，而天然琥珀通常很难达到这样的尺寸。鉴别聚乙烯制成的琥珀很容易，因为它重量很轻，摸起来有蜡质的感觉，闻起来有一股烧焦的石蜡味。但是不管从技术上还是外观上来说，波兰的琥珀仿制品都日趋完美，其特点及属性都令人满意。

俄罗斯仿制品

俄罗斯的仿制琥珀也经历了一段漫长的历史时期，除了塑料琥珀，还有采用天然树脂制造的仿制品，其包括硬化天然树脂与其他物质的结合体；将源自新西兰的杉木树脂与一些更硬的树脂化石结合；将柯巴树脂和酸性

血珀吊坠

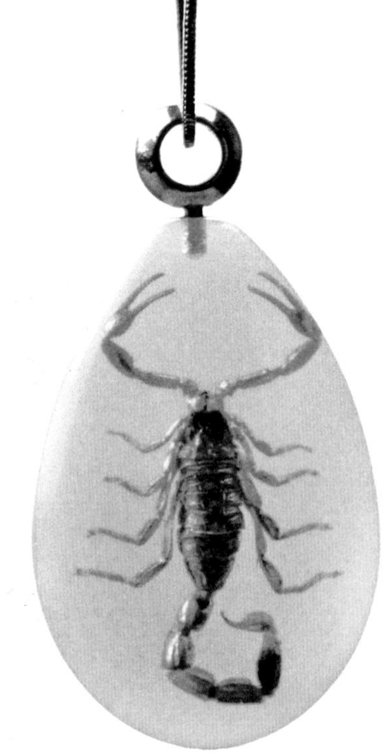
虫珀吊坠

水、基本或中性物质混合，加 16 千克 / 平方厘米的压力，去掉柯巴树脂的皮层，浸在硫化氢里并在密封高压炉里加热；将树脂溶解在加了着色剂的丙酮溶液中，在丙酮挥发前将其混合，在 300℃的温度下熔化，在压力下铸模成型直到混合体变硬。俄罗斯琥珀很多都是再造琥珀，为了让琥珀原料颜色更深和颜色均一，俄罗斯的好多琥珀原料都经过再造处理，在压制的过程中添加着色剂和各种各样的填充剂可以得到各种各样的颜色。还有用聚乙烯树脂和研磨得很细的琥珀粉末混合在一起制作的仿制品。

中国市场的仿制品

目前，我国国内琥珀的仿制品主要有松香、硬树脂、柯巴树脂、塑料、玻璃、玉髓。树脂指现代未石化（也未入过土）的各种天然树脂，如松香、桦树树脂等。

松香与琥珀的鉴别

松香是一种没有经地质作用的树脂，不透明，树脂光泽，淡黄色，质轻，硬度小，用手就能捏成粉末，密度跟琥珀非常接近。燃烧时有芳香味。松香的表面有很多油滴状气泡，在短波紫外线下呈强的黄绿色荧光。琥珀则从透明到不透明，用手捏不动。一般琥珀都经过加热，内部很少有气泡，多为“太阳花”。只有蜜蜡有气泡，而且是成群的小的密密麻麻的气泡。蜜蜡的手感很轻，有一种潮湿的感觉。

琥珀与硬树脂的鉴别

硬树脂是一种地质年代很新的半石化树脂，成分与琥珀相似，但不含琥珀酸而且挥发成分比琥珀含量高。硬树脂的物理性质与琥珀相似，只是更容易受到化学腐蚀。

鉴定方法也比较简单，将一滴乙醚滴在硬树脂表面，并用手反复揉搓，硬树脂会软化并发黏，琥珀则不会出现这种现象。在短波紫外灯下，硬树脂是强白色荧光。用热针接触硬树脂其更容易熔化。硬树脂中也有可能包裹天然的或人为置入的动植物。

硬树脂手镯

柯巴树脂与琥珀的鉴别

柯巴树脂是一种地质年代（约 100 万年）很近的树脂，未经石化。滴一小滴乙醚在其表面，并用手指搓，会立刻出现黏性斑点。柯巴树脂对酒精更敏感，在其表面滴酒精或冰醋酸后变得发黏或不透明。柯巴树脂发白色荧光，比琥珀更亮。红外光谱和琥珀不同。柯巴树脂是琥珀的前身，柯巴树脂产地有哥伦比亚、巴西、布尔内岛、东非、菲律宾、新几内亚、澳大利亚、印尼等。一般埋入地下的时间只有几百万年，多米尼加 Bayaguana 地区的柯巴树脂大概有 1500 万～1700 万年，但它很脆，不能琢磨，仍是柯巴。市场上说的新旧琥珀，旧琥珀，是真正的琥珀，形成年代在千万年以上；新琥珀是柯巴，是从英文名 Copal 音译而来，形成的时间比琥珀短，价值自然没有琥珀高。

琥珀与塑料的鉴别

塑料类主要有酪蛋白塑料、酚醛树脂、安全赛璐珞、氨基塑料、有机玻璃、聚苯乙烯等材料。早期的塑料有明显的流动构造，近期的塑料从颜色到“太阳花”都能仿制，与琥珀极为相似。塑料尽管可以把琥珀仿制得非常逼真，

琥珀手串

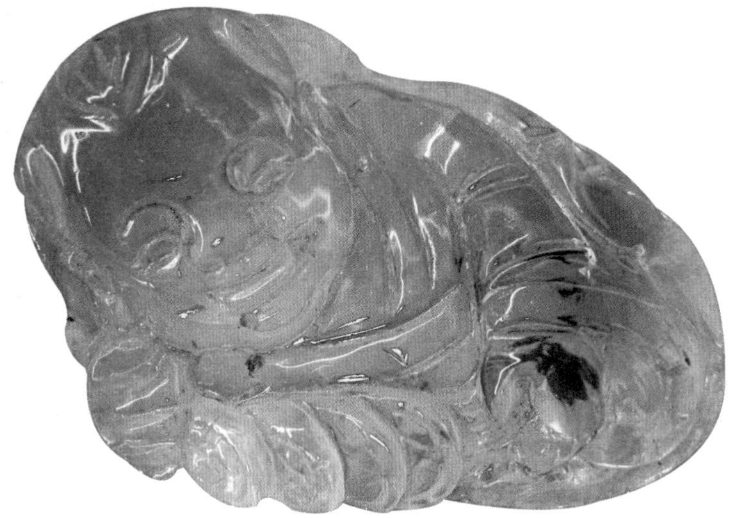
柯巴树脂雕件

但还是可以从折射率和密度加以区分。用饱和盐水测密度，只有聚苯乙烯在饱和盐水中悬浮，大部分塑料在饱和盐水中都下沉，琥珀则悬浮。塑料的折射率在 1.50 ~ 1.66 之间，但很少与琥珀的 1.54 相近。用小刀在物品不显眼的地方切割时，塑料会成片剥落，琥珀则产生小缺口。用热针试验，塑料会有各种异味，琥珀会有松香的芳香味。燃烧时，塑料会熔化，琥珀只留下疤痕。

染色琥珀与琥珀的鉴别

染色琥珀与琥珀的鉴别唯一可行的方法就是用放大镜观察，看颜色在裂隙中是否加重或堆积。如果在饰品的裂隙或凹坑中颜色聚集，说明是染色的琥珀。

玉髓、玻璃与琥珀的鉴别

玻璃、玉髓的硬度都比琥珀的大，用小刀在不影响饰品美观的地方轻轻划刻，琥珀非常容易划动，并留下划痕。玻璃、玉髓则无任何痕迹。玉髓、玻璃的相对密度为 2.6 和 2.5，比琥珀的 1.08 大得多，用手掂明显感觉比琥珀要重，很容易区分开。另外它们的光泽不同，玻璃、玉髓为玻璃光泽，琥珀为树脂光泽。

Amber

第六章 什袭而藏——琥珀的收藏与保养

收藏琥珀的意义

琥珀艺术品过去在收藏市场上的行情跟翡翠和钻石等是没法相比的，收藏琥珀的人非常少。直到 20 世纪 80 年代中期，随着我国台湾地区宗教文物市场的盛行，琥珀才开始在我国台湾和香港地区以及新加坡、日本等国流行，之后中国内地收藏琥珀的人也变得越来越多，琥珀的价格也水涨船高，一路飙升。特别是近几年，很多欧美艺术收藏爱好者也加入收藏琥珀的队伍之中，这就使得琥珀一下子成为收藏市场的新贵，其市场价格也屡创新高。琥珀的收藏价值，对生物学家或地质学家而言，在于它的历史演变过程；于收藏爱好者和投资者来说，只有具备稀有内含生物或植物的琥珀，才称得上是一件奇货可居的至宝。

近年来，在东南亚拍卖市场上落槌价格较高的琥珀品种有：一件

花珀吊坠

天然琥珀原石

清代晚期琥珀牛郎织女摆件以 28.6 万元人民币成交；一件 18 世纪琥珀雕佛狮小摆件以 2.76 万英镑（约人民币 35 万元）成交；一件 17 世纪琥珀太白酒像以 12.1 万港币成交；一件日本丹山做琥珀五鱼图鼻烟壶在纽约佳士得拍卖行拍出了 57.5856 万元人民币的高价。

由此可见，因为琥珀拍卖成交价的落差，让很多琥珀的收藏爱好者开始对国内的拍卖市场产生兴趣，国内琥珀艺术品收藏正渐入佳境。

与此同时，由于俄罗斯等主要产地对天然琥珀的开采不加节制，导致天然琥珀的产量急剧下降，天然琥珀在国内市场上的价格也就一升再升。近些年以来，琥珀原料价格持续上涨，而琥珀中非常珍贵且稀有的蓝珀、绿珀等，更上涨得厉害。鉴于天然琥珀的产

天然琥珀原石

琥珀手串

琥珀摆件花好月圆

量越来越少，特别是其中珍稀品种一价难求，专家预计在今后相当长的一段时期内，天然琥珀艺术品的收藏与投资价值将不断得到提升。

收藏琥珀的要素

颜色

收藏琥珀颜色非常重要，其中金黄的金铂和血红的血珀当属佳品，以透明度高者为优，通体剔透为上上品，半透明次之，微透明再次，不透明最次。现代以缅甸产的樱桃红琥珀、多米尼加产的蓝色琥珀最为名贵。但是近年来一些商人为了牟利，用人工合成的金黄色琥珀和高温烤成的血红色琥珀来蒙骗收藏者。广大的消费者在购买琥珀时需要特别注意这点。

体积

收藏琥珀跟收藏宝石类似，体积越大其价值就越高。琥珀体积像拳头般大小的就已经是极品了，因块大者便于制作大件作品。体积越小相对收藏的价值也略低一些。当然还是需要提防一些不法商家为牟取暴利而用人工的琥珀来以假乱真。

包裹体

对收藏爱好者和投资者来说，只有琥珀内含稀有生物或植物，才值得收藏。如果说琥珀珍品难得，那么琥珀昆虫的比例应当属于几万分之一。琥珀中的包裹体与琥珀品质关系最大。植物性包裹体形态完整者不多，动物性包裹体则因昆虫奋力挣扎，动作姿态明显，但肢体完整的昆虫体较少见。所以虫珀中以形体完整、动态明确的昆虫珀最

琥珀白菜吊坠

琥珀耳饰

琥珀吊坠

琥珀手串

受行家推崇；泡沫珀、浊珀、脂珀依次后排。由于地壳的挤压，琥珀昆虫都很小，多数通过放大镜才能看清。现在能用肉眼看清的琥珀昆虫已经非常罕见。

自然景色

保持原石（琥珀与煤炭的共生体）的自然美，不去人为地破坏它。在这些原石里面会有各种各样的景致与色彩，而且是立体形状，所以景致都各有千秋。有的像晚霞夕阳，有的好像晨雾薄起，有的像湖光山色，有的像森林草原。可以发挥无尽的想象力，去感受琥珀原石的美丽景致。

具有国际市场潜力

近年来，由于波罗的海琥珀的产量很大，竞争激烈，一些波罗的海的琥珀经销商和国外的琥珀商人也将目光瞄向了我国抚顺琥珀。利用抚顺琥珀的优势来区别于波罗的海琥珀，造成价格的一路攀升。在收藏琥珀的时候，不妨把眼光放在价格适中且具有国际市场竞争潜力的琥珀身上。

天然琥珀扁珠手串

琥珀手链

琥珀的保养

1. 琥珀害怕高温，不要长时间置于暖炉边或是太阳下，琥珀过于干燥容易产生裂纹。尽量避免强烈波动的温差。

2. 虽说海珀在海水里浸泡千万年，但琥珀仍怕强酸和强碱。

3. 尽量避免与汽油、酒精、煤油和含有酒精的香水、发胶、指甲油、杀虫剂等有机溶液接触，喷香水或发胶时最好将琥珀首饰取下来。

4. 琥珀吸水性强，在水中浸泡时间尽量不要过长。夏天如果出汗多，佩戴后应尽快用柔软的布抹干。

5. 琥珀的硬度低，怕磕碰和摔砸，与硬物摩擦会使其表面变得毛糙，产生细痕。佩戴时尽量避免与硬度高于琥珀的首饰一起，比如水晶石等。

6. 不要用牙刷或毛刷等硬物清洗琥珀。

巴西龟琥珀摆件

琥珀寿星摆件

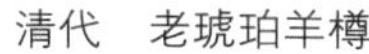
清代　老琥珀羊樽

老琥珀原石

7. 琥珀应该单独存放，不要与钻石和其他尖锐的或是硬的物品放在一起。

8. 不要使用超音速的首饰清洁机器去清洗琥珀，这样可能会将琥珀洗碎。

9. 镶银的琥珀首饰长期不戴，应该使用小的密封塑料袋密封好单个存放。

10. 当琥珀染上汗水或灰尘后，可将其放入加有中性清洁剂的温水中浸泡，用手搓干冲净，再用柔软的布（比如眼镜布、丝绸、纯棉布）擦拭干净，最后滴上少量的茶油或是橄榄油轻拭琥珀表面，稍后用布将多余油渍沾掉，可恢复原有光泽。

11. 可使用不带磨砂颗粒的温性牙膏为琥珀去痕，谨慎使用。

12. 使用无色的封埋胶或是特别的珠宝胶对碎裂的琥珀进行修补，不要使用 502 胶。

13. 在没有抛光剂的情况下，可以使用粘有不含增白成分的牙粉混合融有蜡油的棉布上光，要趁混合物还有热度时来回摩擦。

14. 对琥珀最好的保养就是长期佩戴，人体油脂可使琥珀越戴越光亮。

《玛瑙琥珀》
（修订典藏版）
编委会

●总 策 划

王丙杰　贾振明

●排版制作

腾飞文化

●编 委 会（排名不分先后）

玮　珏　苏　易　墨　梵
吕陌涵　陆晓芸　阎伯川
鲁小娴　白若雯　玲　珑

●图片提供

刘军成　贾　辉　李　茂
保定拙雅轩玉道会所
http://www.nipic.com
http://www.huitu.com
http://www.microfotos.com